Unreal Engine5ではじめる！

3DCG ゲームワールド 制作入門

梅原政司 著

技術評論社

はじめに

　Unreal Engine5は、最も強力で柔軟性のあるゲームエンジンの一つとして知られています。このエンジンは、高品質なグラフィックスや物理挙動、エフェクト、映像制作向けの機能などを備え、ゲーム開発や映像制作をはじめとした広い分野に必要な機能を数多く提供します。

　昨今はYouTubeなどの動画コンテンツが増えてきたことで、私たちはさまざまな方法でこの最高のツールを学ぶことができるようになってきました。Epic Games公式のコンテンツも非常に有用で、公式ドキュメントも私たち開発者の大きな助けとなることは間違いありません。

　しかし、Unreal Engine 5の学習は初学者にとってまだまだ学び始めるハードルが高いものです。本書は興味はあるけれど、どこから手を付けたらよいか分からず困っている方へ最初の一歩を踏み出してもらうことを目的として、初歩的な内容から丁寧に解説します。ブループリントのようなプログラミング要素は一旦排除して、体系的な学習によって、つながりのある知識を効率的に習得し、学習効果を高めることを意識しています。

　ランドスケープ機能を中心とした地形作りや、地形の色の塗分け方法、マテリアルの自作方法、フォリッジによる草木の生やし方、アセットの活用方法、オブジェクトの配置方法、ライティング、ポストプロセッシング、カメラワーク、アニメーションなど、広範な分野に渡って実践的な解説を行います。

　本書は、辞書的な知識を提供するのみでなく、Unreal Engine5を使った実践的な手順やチュートリアルを提供することに重点を置いています。実際に手を動かしながら学習することでUnreal Engine5の魅力や楽しさを体験し、より深く理解することができます。

　Unreal Engine5のようなツールは、バージョンが次々と更新されます。一見、最新版を使用することが一番良いと思われるかもしれませんが、必ずしもそうではありません。最新バージョンはまだ不安定な場合があり、古いバージョンの方がより安定している場合もあります。本書では、最新版ではなく、

執筆時点の安定性の高いバージョンをベースに解説していきます。Unreal Engine5のバージョンアップに伴い、部分的に知識をアップデートしていくことが大切です。

　Unreal Engine5の可能性は無限大です。本書を通じて、Unreal Engine5の基礎的な知識から、実践的なスキルを身につけ、創造性を発揮して素晴らしいゲームや映像を作り出せるよう、精一杯お手伝いさせていただきます。本書は、デザイナーが背景制作をしたり、オープンワールドを構築したりするのに必要な基本的なスキルから、ステップアップしたい方向けのテクニックまで、幅広い内容をカバーしています。また、Unreal Engine5を初めて学ぶ人にとっては、一度では理解しにくい部分もあるかもしれません。そうした場合は、繰り返し実践して慣れていくことをおすすめします。

　Unreal Engine5を使った開発は、非常に楽しい体験です。本書で解説する機能を使って、独自のアイデアを実現していく過程は、開発者にとって非常にやりがいのあるものとなるでしょう。しかしながら、開発過程においては、問題が発生することもあります。そのような場合は、自身で解決策を探すことも開発において重要なことの一つです。特定のテーマであればインターネット上にUnreal Engine5に関する情報が見つかるかもしれません。検索エンジン、昨今話題となっているAIを使って情報を収集することで、より多くの問題を解決することができるでしょう。

　本書で紹介するUnreal Engine5は、これからのゲーム開発において欠かせないツールの一つであり、その素晴らしさはゲーム開発に留まりません。さまざまなシーンで利用されるUnreal Engine5を学ぶことで、あなたはより高品質でクリエイティブな体験を得られるでしょう。本書がUnreal Engine5を学ぶきっかけとなり、ワクワクしながら最高の開発体験を味わってくれることを願っています。

2023年10月 梅原政司

本書を読むにあたって

本書サポートページのURLは以下の通りです。

https://gihyo.jp/book/2023/978-4-297-13779-3/support

サポートページから、以下のファイルをダウンロードすることができます。

・完成版サンプルデータ (Landscape.zip)

zipファイルを解凍したら出てくるLandscapeというファイルをC:/User/gihyo/Documents/Unreal Projectsに移動してください (gihyoはご自身のユーザー名です)。

その後、Unreal Engine5を開けばライブラリに完成版サンプルデータが表示されます。バージョンの違いによって注意書きが出る可能性があります。その際は、コピーを開くをクリックすることで開けるようになります。機能が制限されている場合があるため、あくまで参考としてお使いください。

サンプルファイルは以下のような構成になっています。

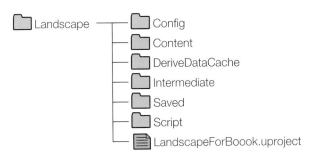

LandscapeForBook(.uproject)は、ライブラリに表示される名称です。変更したい方は、任意に変更してください。

● 公式ドキュメントについて

Unreal Engine5には、公式ドキュメントがあります。

https://docs.unrealengine.com/5.1/ja/

本文でも引用で一部紹介していますが、より詳しく機能を知りたい方は、一度目を通すことをおすすめします。

CHAPTER 1 Unreal Engine を知ろう

CHAPTER 2 UE の開発環境を整えよう

CHAPTER 3 テンプレートでエディタに慣れよう

CHAPTER 4 ランドスケープによる風景制作をはじめよう

CHAPTER 5 基礎固め！地形作りのツールを使いこなそう

CHAPTER 6 実践！自分の地形をつくろう

CHAPTER 7 地面のマテリアルをつくろう

CHAPTER 8 ランドスケープのペイントで島を色付けよう

CHAPTER 9 美しい海をつくろう

CHAPTER 10 3D アセットで細部をつくりこもう

CHAPTER **14** 静止画と動画を撮影しよう

● **動作環境について**

本書は下記掲載の環境で動作検証を行っています。

それ以外の環境をお使いの場合、操作方法や画面図などが本書内の表記と異なる場合があります。あらかじめご了承ください。

OS	Windows 11 / Ventura B.5.2
バージョン	Unreal Engine 5.1.1

● **表記について**

本文には、以下に示す3つのマークがあります。それぞれの意味について注意して読んでください。

🔆 Tips	小技
✅ Check	注意してほしいこと
🔑 Point	重要なところ、簡単なまとめ

本書の大まかな流れ

　本書はUE5の多岐に渡る機能のうち、Unreal Engineをはじめて学習するという初心者のあなたにスムーズな一歩を踏み出してもらうためのものです。

　そこで一部ユーザーには敷居の高いブループリントは使用せずに美しい風景制作を行います。

　UE5にはUE4に引き続き、風景制作を行うためのランドスケープ（Landscape）機能が充実しています。

　ランドスケープ機能は、土地の生成から地形の隆起、沈降、侵食、整地を非常に簡単な操作で実現し、ユーザーに無料で提供されているマテリアル、3Dモデルなどのアセットを駆使して美しい情景をつくり出すことが可能です。

　まずは本書で取り扱うUnreal Engine5のランドスケープ機能を用いた風景制作のアウトラインを紹介しましょう。

Unreal Engine5とは何か	Chapter 1
インストールと準備	Chapter 2
基本操作の説明	Chapter 3
ランドスケープ機能の紹介	Chapter 4、Chapter 5
地形づくり	Chapter 6、Chapter 7
色塗り	Chapter 8
アセットの活用と風景のつくり込み	Chapter 9 〜 Chapter 11
風景のライティング	Chapter 12、Chapter 13
動画と静止画の撮影	Chapter 14

　これらを上から順に行うことで誰でも比較的簡単に風景制作を行うことができます。

　実際の作業では上記工程を行ったり来たりすることがしばしばですが、気にすることはありません。

　本書を読み実践することで、各工程で必要な知識と技術を身につけ、後工程のためにどのような工夫をして、どこに気を付けて作業すればよいのかが次第にわかってくるはずです。それでは、早速始めましょう。

CHAPTER 1

Unreal Engine を知ろう

Unreal Engine は、ゲーム開発やビジュアルエフェクト、アニメーション制作に至るまでさまざまな分野で使われています。最新のバージョンUnreal Engine5 がリリースされたことで、初学者でもハイクオリティなゲーム開発等に取り組むことができるようになりました。そこでこの章では、Unreal Engine の魅力に触れつつ、今後の開発に興味を持っていただけるように特徴や注目機能を紹介します。

1-1 Unreal Engine 5 について

1-1-1 ようこそ、Unreal Engine の世界へ

Unreal Engineは世界で最も信頼され愛されているゲームエンジンの1つです。

アニメや映画などの初めから終わりまで一直線に連続した形で見てもらうことを想定したリニアコンテンツからハイクオリティな小〜大規模ゲームの制作、ライブ＆ショーイベントま

図1-1 Unreal Engineのロゴ（公式サイトより）

で、これらを実現させる非常に強力なツールです。それらエンターテイメント分野に限らず、自動車・輸送業界、建築業界をはじめとした比較的規模の大きい事業（エンタープライズ）においても急速な普及と積極的な活用が加速しています。

近年はARスマートグラスやVRヘッドセットなどXR事業の盛り上がりと共に、ハードウェアの着実な進歩とソフトウェアの開発が進んでいます。Unreal Engineはこれら分野にも最適なソリューションを提供しており、今後もUnreal Engineをはじめとした開発エンジンの需要は上昇し続け、その勢いはますます加速していくでしょう。

☑ ARとVR

AR（Augment Reality）は拡張現実のことを指します。デバイスを通じて現実世界にデジタル情報を投影するものです。

VR（Virtual Rality）は仮想現実のことを指します。多くの場合ヘッドセットのようなゴーグルを掛けて、コンピュータ内で作られた世界をあたかも現実世界のように体験できます。広義な言葉ではありますが、"メタバース"と呼ばれることもあります。

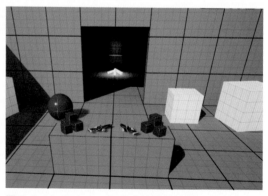

図1-2 Unreal Engine5のVRテンプレート

1-1-2 Unreal Engine のライセンス

Unreal Engine の魅力は何より、このような高度で高品質なツールが一定の範囲内で、無料で提供されていることです。Unreal Engine はすべてのユーザーが無料で使用することができます。商業利用に関しても、売り上げが100万米ドル以下の場合はロイヤリティの支払いが免除されます。もちろん個人が使用するローカルプロジェクトであれば無制限に無料で使用することができます。ただし、ロイヤリティに関する情報は更新される可能性があります。気になる方は Unreal Engine の公式ホームページを確認してください。

図 1-3　サードパーソンテンプレートの風景

これだけの高品質かつ高機能なエンジンが無料で使用できることは驚くべきことです。自分でつくった世界に、3D モデルのキャラクターを用意して走り回らせたり、AI を配置して敵をつくったり、村人と会話して物語を進めたりといった機能をつけてゲームにすることも可能です。このようなゲーム制作に関しては多くの独学者がいて、インディーゲームクリエイターとして活躍しています。

1-1-3 直観的な理解ができるブループリント

Unreal Engine の開発はオブジェクト指向の C++ プログラミングによって推し進めることができますが、このようなプログラミング言語を用いずに、より直感的・視覚的にロジック（ゲームのルール）が組めるブループリントビジュアルスクリプティングシステムが備わっています。これはシンプルにブループリントと呼ばれています。

ブループリントはノードベースのインターフェースで、役割の決まったブロック（ノード）をつなげてゲームプレイ要素を構築するものです。ブループリントのような非常に柔軟かつパワフルなシステムの存在により、一般的にプログラマーしか使用できなかったツールを、事実上デザイナーすべてが行えるようになっていて、Unreal Engine を特徴付ける革命的なシステムといえます。

とはいえ、ブループリントは Unreal Engine を初めて触る方にとって大きなハードルになるでしょう。本書は Unreal Engine にはじめて挑戦する方向けに書いたため、ブループリントは扱いませんが、次のステップにあなたが挑戦されることを期待しています。

Unreal Engine は 2022 年の 5 月に大きなアップデートを迎え正式版 Unreal Engine5（バージョン 5.0.0）がリリースされました。Unreal Engine4 が 2014 年リリースですので 8 年ぶりの大型アップデートということになります。

　過去に Unreal Engine3 と4は互換性が無く、ファイルの移行も叶いませんでしたが、今回は異なります。Unreal Engine 5は4からのシームレスな進化を実現し Unreal Engine4 で制作されたプロジェクトを移行することが可能です。

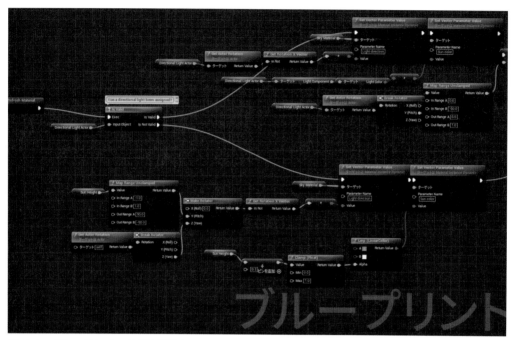

図 1-4　ブループリントの編集画面例

1-2 UE5の注目機能を知ろう

1-2-1 Lumen

　以降はUnreal EngineをUE
と略して呼びます。UE4か
らの変更点であり、UE5の
注目すべき機能、Lumenと
Nanite、Niagaraについて解
説します。

　Lumenは完全な動的グ
ローバルイルミネーションお
よび反射のシステムと呼ばれ

図 1-5　Unreal Engine5における光の効果（公式サイトより）

るものです。従来、処理負荷の高くリアルタイムに表現しきれなかった光の反射を、リアルタ
イムにつくり出してくれるユーザーが待ち望んだ優れた機能です。

　自発光するオブジェクトを空間内で動かすと、瞬時に反射の計算が行われ、周囲に間接光を
加えることができます。例えば、光源や発光体などの間接光を用意すると、近くの壁が色彩を
含めて自然に照らされる効果が生まれます。

　UE5はこのシステムを大規模なプロジェクトで可能にしており、ワールド（3DCG内に構築
された世界）の規模に制限されない自由なデザインを可能にしています。

✔ Lumen の有効化

　ちなみに、UE4から移行
してきたプロジェクトは
Lumenがデフォルト設定で
有効ではありません。

　**編集→プロジェクト設定
→レンダリング→Global
Illumination→ダイナミッ
クグローバルイルミネー
ションメソッド**および**反射
→反射メソッド**それぞれを
Lumenに変更する必要があ
ります。

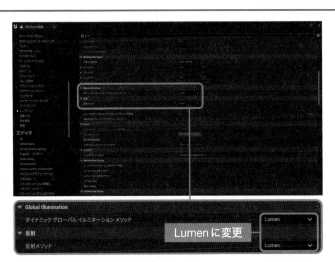

図 1-6　Lumen有効化の操作

1-2-2 Nanite

もう一つの注目機能はNanite
です。仮想化ジオメトリシステム
と呼ばれ、精巧なモデルにおいて
見る人にとって最適なメッシュ数
を自動で計算し圧縮します。これ
により私たちは従来必要としてい
たLODモデル（Level of Detail）を
必要としません。

精巧なモデル・メッシュ数の多
いモデルほど表示するための処理
負荷は高くなります。そのため特
に大規模なプロジェクトにおい
て、見る人とモデルとの距離に応
じて異なるメッシュ数のモデル
（LOD）を準備して対応してきま
した。一般にはLODは人間が用
意するため、1モデルに複数の
LODモデルを持つこととなり非
常に手間が掛かります。Naniteは
この問題を解決してくれます。

ゲーム内でプレイヤーが移動す
るとき、周囲のモデルのメッシュ
数、精巧度がNaniteによって自
動かつ最適に調整されます。プレ
イヤーが知覚できる分だけモデル
の細部を表現することになるた
め、私たちはモデルの詳細の変化
に気づくことができません。この

図 1-7 Naniteの効果（公式サイトより）

ようなシステムが自動化されたことは、デザイナーにとってモデルの準備に時間を要すること
なく世界観構築が可能となるため、大変喜ばしいことでしょう。

✅ **Nitnite に関する補足**

公式ドキュメントではNaniteの利点として以下のように書かれています。要約すると、以下の通りです。

- 三角形のポリゴンをより多く処理できる
- ハイポリゴンで高品質なモデルをそのままインポートして使用することができる。
- LODを手動で用意する必要がない。

つまり、Naniteは精巧なモデルのインポートを補助してくれます。

UE5へのモデルデータの取り込みは、通常FBXのようなファイル形式を選択します。Naniteを有効にするにはインポート時のMesh→Build Naniteにチェックを入れておきましょう。

図 1-8 **Naniteの有効化** (公式ドキュメント)

1-2-3 Niagara（ナイアガラ）

Niagaraはパーティクルシステムの一つです。VFXやエフェクトと呼ばれるような視覚効果をつくり出すシステムです。

パーティクルシステムでできることの幅は非常に広く、例えば爆発の際の火花を表現したり、トレイルと呼ばれる流れ星の尾のような表現をつくったり、半透明のパーティクルを使用して煙霧を表現することも可能です。

図 1-9 **Niagaraエフェクトのイメージ** (公式ドキュメント)

UE4の時代にはCascade（カスケード）と呼ばれるパーティクルシステムが使われてきました。UE5にてパーティクルシステムはNiagaraに移行しました。

少しだけCascadeとNiagaraの違いについて触れておきましょう。

CascadeとNiagaraの一番の違いはエミッタ（Emitter）と呼ばれる粒を放出してあらゆる演出・視覚効果を生み出すシステムの管理方法にあります。これによりユーザーはエミッタの使いまわしが楽に行えるようになります。

これを理解するには従来のCascadeシステムを理解する必要があります。

本書はパーティクルシステムを理解することが目的ではありませんが、以下にまとめておきます。

　従来Cascadeでは複数のエミッタをまとめて一つの視覚効果（エフェクト）をつくり出します。エミッタのパラメータ調整を行っているのがモジュール（Module）です。最も意識してほしいことは、これらがCascadeのパーティクルシステムとして一つのアセット（Asset）に保存されることです。言い換えると、エディタ画面ではCascadeパーティクルは1つのアイテムとして表示されます。

　一方Niagaraは異なります。Niagaraのパーティクルシステムでは、Niagara System、Niagara Emitter、Niagara Module Script、これら3つのパーティクル構成要素がそれぞれ別々のアセットとして保存されます。

　Cascadeでたった一つにまとまっていたパーティクルシステムが要素ごとにアセットとして保存されることで、エディタ上では一見煩雑見えるかもしれません。しかしこれにより、Niagara Module Scriptを別のNiagara Emitterで使いまわすことも可能になるわけです。

　例えばNiagara Module Scriptはブループリントやスクリプトを用いて複雑なパーティクル制御を可能にすることができますが、それらを流用しやすくなったことはユーザーにとって大変価値のあることです。

　繰り返しになりますが、本書ではNiagaraの作業はありません。非常に奥の深い分野ですので、またの機会にじっくりと触れていきましょう。

https://docs.unrealengine.com/5.1/ja/creating-visual-effects-in-niagara-for-unreal-engine/

✅ 予備知識

アセット…直訳は資産です。形を作るメッシュと材質情報のマテリアル、使われているテクスチャ(画像)データ、サウンドなどさまざまなタイプが存在します。それらをひとまとめにした、「すぐに使用できるコンテンツ」のことを指す場合が多いでしょう。

Niagara System…Niagara Emitterをまとめて1つのエフェクトをつくるシステムです。タイムラインを使って各エミッタの発生タイミングを調整することもできます。爆発エフェクトであれば、どのタイミングで火花が散り、爆発して炎が上がり、煙が広がるか、これらを制御しているのがこのシステムです。

Niagara Emitter…システムによって管理される一つ一つの視覚効果要素です。爆発エフェクトの例では、火花、炎、煙霧それぞれを指します。

Niagara Module Script…エミッタ内のパラメータを管理するためのものです。グラフを用いて視覚的なノードグラフを用いて直感的に編集することが可能です。

CHAPTER 2

UEの開発環境を
整えよう

この章では、Unreal Engine5を使用するためのシステム要件やライセンスについて説明します。開発用PCの確認やEpic Game Launcherのインストール、エンジンのインストールについても解説し、UE5の機能を体験できるサンプルや、ゲームプレイに関する機能別サンプルなども紹介します。最後には、プロジェクトの作成と管理方法についても詳しく説明しています。この章を読み終えると、UE5を導入して開発を始めるための基礎知識を身につけることができます。

2-1 システム要件とライセンスを確認しよう

2-1-1 開発用PCの確認

　Unreal Engine を使用し始める前にシステム要件を確認し開発に適したPCであるかを確認しましょう。

　また、Unreal Engine は基本的に無料で使用できる最高のツールです。ただし、本書の執筆時点と状況が変わる可能性、改定が間に合わない可能性があります。ライセンスについては、あなたが本書をこれから読み進めようというタイミングに一度ご自身で確認しておくことをおすすめします。

2-1-2 ダウンロードの準備

STEP 1

　公式ページ (https://www.unrealengine.com/ja/unreal-engine-5) にアクセスします。

STEP 2

　画面右上のダウンロードを選択します。

図 2-1　UE5 の公式ホームページ

STEP 3

　システムの要件を確認します。

　本書で取り扱うランドスケープ機能はメモリやグラフィックカードのパワーを必要とします。推奨動作環境を確認しましょう。

図 2-2　要件一覧

STEP 4

「ライセンスを見る」を選択し確認しましょう。

使用するのはスタンダードライセンスです。無料で使用することができます。

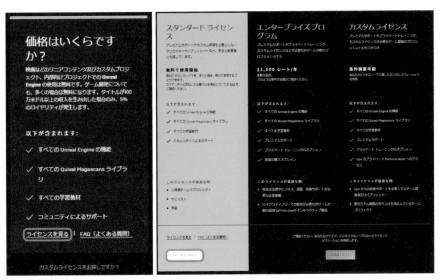

図 2-3 ライセンス選択画面

2-1-3 Epic Game Launcherのインストールと初期設定

Unreal EngineのダウンロードにはまずEpic Games Launcher(ローンチャー)を入手する必要があります。

STEP 1

公式ページのダウンロードボタンから飛んだページで下にスクロールし、ローンチャーダウンロードを選択しましょう。

図 2-4 ローンチャーダウンロードページ

STEP 2

任意の場所にローンチャーのインストーラーをダウンロードします。

EpicInstaller-13.3.0-unrealEngine-

図 2-5 インストーラー

インストーラーをダブルクリックして任意の場所にインストールを済ませます。HDではなく可能であれば起動の早いSSDに保存することをおすすめします。

インストールには長めの時間が掛かります。PCを継続して使用できるタイミングを見計らって行いましょう。

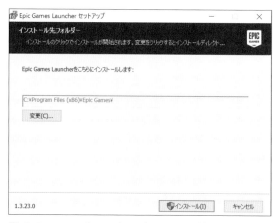

図 2-6 ローンチャーインストーラーのダウンロード

デフォルト設定であればデスクトップにEpic Games Launcherのショートカットが生成します。ダブルクリックして起動しましょう。

図 2-7
ローンチャーのショートカット

Epic Games Launcherを使用するにはEpic Gamesアカウントが必要です。サインインにはさまざまなオプションが選べます。ここでは「EPIC GAMESでサインインする」でアカウント作成する方法を解説します。

アカウントを既にお持ちであれば、メールアドレスとパスワードを入力してサインインします。アカウントを持っていない場合はサインアップ(アカウント作成)が必要です。

図 2-8 エピックアカウントの作成

STEP 7

サインアップでは、表示された必要事項を入力しましょう。ディスプレイネームはEpic Games Launcher上に表示される名前です。パスワードは記号などを含むセキュリティの高いものを使用しましょう。

図 2-9 サインイン画面

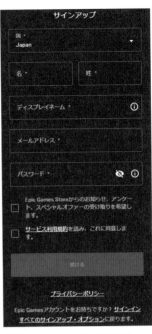

図 2-10 サインアップ画面

STEP 8

左側メニュー欄の下方にある設定を開きます。Epic Games Launcher起動中に通知（画面右下に表示されるもの）をなくしたい場合はデスクトップ通知のチェックを外しておくとよいでしょう。

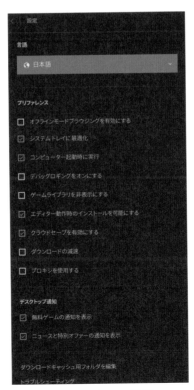

図 2-11 ローンチャーの設定

2-1-4 エンジンのインストール

右上に表示された「エンジンのインストール」を選択してライブラリに自動移動します。インストールする場所を訊かれますので任意の場所にエンジンをインストールしましょう。

およそ60GBほどの容量を必要とします。十分余裕のある場所を選択しておきましょう。

エンジンとは実際にUnreal Engineを使用するためのアプリケーションのことです。Epic Games Launcherのライブラリページでバージョンごとに管理されます。

エンジンバージョンの書かれたアイコンがインストール中と表示されれば問題なく進行していいます。

図 2-12 エンジンのインストール先の決定

図 2-13 インストール中のエンジンアイコン

ローンチャー左下のダウンロードを開くとダウンロードの進行状況を詳しく知ることもできます。ダウンロード待ちコンテンツはキューに表示されます。

図 2-14 ローンチャーのダウンロードページ

エンジンインストールには非常に長い時間が掛かります。インストール時間を有効活用したい場合は、以降の節のマーケットプレイスやUE機能サンプルについて先に読み進めることをおすすめします。

エンジンの表示が図2-15のように変われば完了です。エンジンバージョンは以降増えていくのでデフォルトで使用するバージョンを決めておきましょう。

図 2-15 バージョンのデフォルト設定

2-2 UE 機能サンプルを見よう

2-2-1 UE のサンプル

Unreal Engine には豊富かつ高品質なサンプルプロジェクトが用意されています。ローンチャー上部のサンプルを選択して確認しましょう。

各サンプルを選択するとマーケットプレイスに移動し、無料ボタンから提供されたリソースを得られます。この際サポートされたプラットフォームやエンジンバージョンを確認しましょう。特にエンジンバージョンについては UE5 対応であるかに注意します。

下記にご紹介しますサンプルはどれも UE5 対応ですが、マーケットプレイスでアセットを無料入手したり購入したりする場合には注意する必要があります。

それでは、これから UE5 を使用するあなたへ最初に押さえておきたいサンプルをご紹介します。

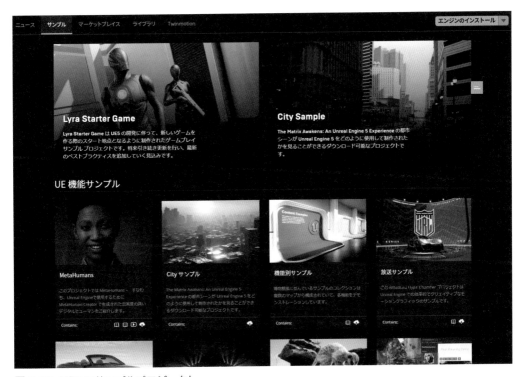

図 2-16 UE5 のサンプルプロジェクト

● MetaHumans

Meta Human Creatorというツールで生成した忠実度の高いデジタルヒューマンについて知り、学ぶことができます。

MetaHumanは、これまでクリエイターが数週間・数か月と月日を費やして構築してきた人型のモデリング・スキニング・リギングをほんの数時間で実現する非常にパワフルなツールです。

提供されるモデルはアニメーションやモーションキャプチャーによる動作の準備がされており、そのクオリティ・リアリティは他ツールを圧倒するレベルの高さと言えます。

図 2-17 MetaHuman

● City サンプル

PlayStation 5 や Xbox向けコンテンツとして制作された「The Matrix Awakens」に使用されている都市の背景サンプルです。

映画マトリックスに関連するアセットは除外されていますが、ビルや車はもちろん、前述のMetaHuman技術により生成した群衆などがプロジェクトに含まれています。

建物・車両・群衆はそれぞれ独立したサンプルとしてダウンロードすることも可能です。Cityサンプルはデータが非常に重いので、PCスペックに余裕のない方は部分的に入手してみることも検討しましょう。

図 2-18 City サンプル

● Lyra Starter Game

　Lyra Starter Game は、新しいゲームをつくる際のスタート地点となるように制作されたゲームプレイ用のサンプルプロジェクトです。UE5でゲームを作りたいあなたは必見でしょう。

図 2-19　Lyra Starter Game

● 機能別サンプル

　機能別サンプルでは、UE5が持つ各種機能を博物館風のプロジェクト内を歩き回ることで、視覚的に知ることができます。きっとあなたの効率的な学習を手助けしてくれるでしょう。

　「プロジェクトを作成する」から任意の場所にプロジェクトを保存します。今後もプロジェクトの保存は発生しますので、このタイミングで新たにフォルダを一つ用意しておくことをおすすめします。

図 2-20　機能別サンプルプロジェクトの作成

図 2-21　プロジェクトの保存先設定

2-2-2 サンプルを体験してみよう

実際に機能別サンプルプロジェクトに入ってみましょう。

ローンチャー上部のライブラリを開き、機能別サンプルをダブルクリックして開きます。ここまでの操作の途中にプロジェクトの関連付けについて聞かれる可能性があります。その場合は修復を選択してください。プロジェクトを開いた後「プロジェクトが古くなっています」と注意が出た場合はアップデートを行いましょう。

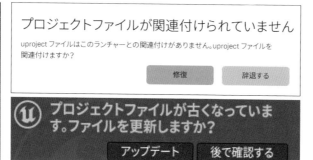

図 2-22 機能別サンプルの選択　図 2-23 プロジェクト開始時の注意メッセージ

● ゲームプレイ

機能別サンプルを開いたら▶を押してゲームプレイに切り替えます。

ゲームプレイからは Esc でプレイから抜け出すことができます。↑↓←→ のキー、もしくは W S A D で上下左右に移動できます。

マウス（カーソル）を動かすことで首を振ることができ視線を動かすことができます。

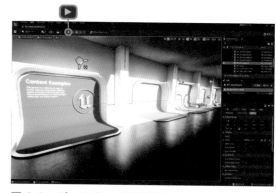

図 2-24 ゲームプレイ開始画面

図 2-25 機能別サンプル

● コンテンツドロワーとマップ

　機能別サンプルには複数のマップが存在します。Ctrl + Space を押してコンテンツドロワーを開きましょう。コンテンツドロワーにはプロジェクト内のあらゆるアイテムを保管されています。

図 2-26　機能別サンプル内のマップ

　左側のリストからMapsを開くか、検索欄に「Map」と入力して機能別サンプルプロジェクト内すべてのマップを呼び出します。

　気になる項目を見つけたらダブルクリックでマップを開きましょう。

　以下の公式のドキュメントにはプロジェクトに含まれるサンプルの一覧も紹介されています。

公式ドキュメント

https://docs.unrealengine.com/5.1/ja/content-examples-sample-project-for-unreal-engine/

● アセットの活用

　機能別サンプル内のアセットは自身のプロジェクトでも使用することができます。例えば、コンテンツドロワー全体に対して検索欄に「material」と入力するとマテリアルのサンプルが表示されます。

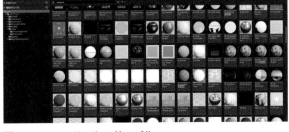

図 2-27　アテリアルのサンプル

　アセットを右クリックし**アセットアクション→移行**を選択すると特定のプロジェクトで使用することができます。使用先のコンテンツフォルダを対象に移行してあげましょう。

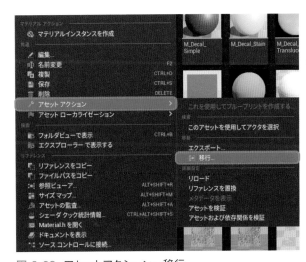

図 2-28　アセットアクションー移行

2-3 プロジェクトを作成・管理しよう

2-3-1 エンジンの起動

インストールしたエンジンの起動ボタンを押してプロジェクトブラウザを立ち上げます。場合によっては図2-29のように前提条件と表示されるかもしれません。Epic Games Launcherを再起動して、再度エンジンの起動ボタンを押してみてください。

図 2-29 エンジンバージョンと立ち上げ。必ず最新バージョンを使いましょう

2-3-2 プロジェクトブラウザ

エンジンの起動ボタン押下後、プロジェクトブラウザが起動します。プロジェクトブラウザでは、ゲーム、映画・テレビ、建築、自動車などのジャンルにあった開発環境が提供されています。今回は、**ゲーム→サードパーソン**と選択してプロジェクト作成を行いましょう。

プロジェクトデフォルトで図2-30の設定を確認します。

プロジェクトの保存場所を決定し、プロジェクト名を例として「MyFirstProject」として作成を行います。

作成後に図2-31のようなレベルが表示されれば問題なくプロジェクトの作成が完了しています。

図 2-30 プロジェクトの基本設定

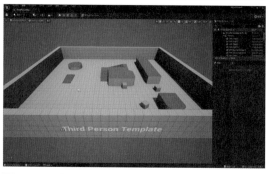

図 2-31 最初のプロジェクト作成

● プロジェクトの保存

プロジェクトを保存するには、**ファイル→すべて保存**を選択して保存します。現在滞在しているレベルのみ保存する場合は**現行レベルを保存**、別のレベルとして名前を付けて保存する場合は、**名前を付けて現行レベルを保存**を選択します。

これから私と共に制作を進めていく中で、製作途中を残したい場合には**名前を付けて現行レベルを保存**を行ってもいいでしょう。ただし、複数のレベルを持ったプロジェクトにおいて、プロジェクトを開いた時にどのレベルから開始するかは別途設定が必要です。

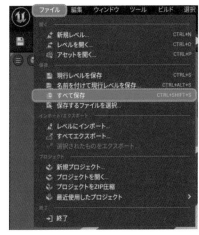

図 2-32 プロジェクトの保存

ゲームのデフォルトマップ

プロジェクト開始時の最初のマップ（デフォルトマップ）はプロジェクト設定から行うことができます。

編集→プロジェクト設定→プロジェクト-マップ＆モード→Default Maps→ゲームのデフォルトマップ

デフォルトマップのドロップダウンから希望のレベルを割り当てましょう。

図 2-33 マップ＆モード

図 2-34 デフォルトマップの選択

● マイプロジェクト

ライブラリページには作成した「MyFirstProject」が表示されています。

アイコンを右クリックし**フォルダで開く**を選択すれば、プロジェクトの保存先を確認することができることを知っておきましょう。

図 2-35 右クリック「フォルダで開く」

2-3-3 マーケットプレイスの活用

Epic Games Launcherのマーケットプレイスページでは、高品質なアセットが入手できます。「永年無料コンテンツ」や「今月の無料コンテンツ」で公開されているものも非常に有用かつ高品質なものばかりです。毎月チェックして、無料のコンテンツをしっかりゲットしましょう。

図 2-36 マーケットプレイスの無料コンテンツ

　各アセットで**カートに追加**を選択後、右上の買い物カゴから無料でチェックアウトすることでダウンロードすることができます。もしくは各アセットのページから直接ダウンロードすることもできます。

　ダウンロード後は**ライブラリ→マイダウンロード**で**プロジェクトを作成する**もしくは**プロジェクトに追加する**を選択して利用することができます。使用時は必ず対応するエンジンバージョンを確認しましょう。

図 2-37 アセットの詳細ページ

CHAPTER 3

テンプレートで
エディタに慣れよう

この章では、Unreal Engineのエディタについて解説します。エディタ画面のレイアウト、ビューポートオプション、パースとシネマティックビューポート、表示モード、基本操作について説明します。エディタはゲーム開発の中心であり、操作方法を理解することが重要です。適切なビューポートの設定や表示モードは作業効率向上に役立ちます。初心者の方でも安心して学べるよう、基本操作についても詳しく説明します。

3-1 エディタを開こう

3-1-1 エディタ画面レイアウトの概要

　まず、Epic Games Launcher を開き、**ライブラリ**をクリックします。**マイプロジェクト**に
ここまでに作成してきた最初のテストプロジェクト **MyFirstProject** が表示されています。ダブ
ルクリックしてプロジェクトを開きましょう。

　図3-2のようなデフォルトマップが表示されれば問題ありません。エンジンバージョンに
よってはデフォルトマップの見た目が変更されることもあり得ますが、基本的な操作は変わり
ません。心配せずに進みましょう。

図 3-1　Epic Games Launcher のトップ画面

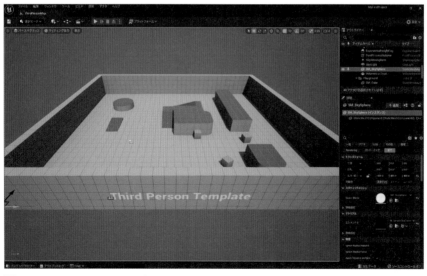

図 3-2　サードパーソンテンプレートのデフォルトマップ

3-1-2 エディタのレイアウト

デフォルトで最も大きく表示されている領域がビューポートパネルです。主な領域として
ビューポートの他に、アウトライナーパネルと詳細パネルがあります。各パネルの上端にある
パネル名表記部分をドラッグして移動することでレイアウトを変更することも可能です。

おすすめレイアウトは、下図のようにタブで切り替えられる配置、または2列横並びの配置
です。アウトライナーと詳細パネルはアイテムや設定パラメータが大量に並ぶのでより縦長に
使えるようにしましょう。

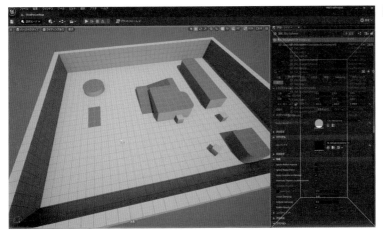

図 3-3　エディタレイアウ
トの変更中画面

図 3-4　レイアウト例　タブ切り替え

図 3-5　レイアウト例　2列横並び

もし各パネルが消えてしまったら上部メニューの**ウィンドウ**から再度追加可能です。

3-2 ビューポートオプションを使いこなそう

ビューポートパネルに関連する設定を変更することができます。

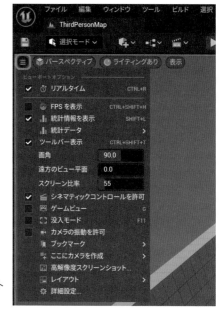

図 3-6 ビューポートオプションメニュー

● FPS表示、統計

FPSを表示したり、統計データを表示したりしてプロジェクトのパフォーマンスを確認することができます。FPSというのはFrame per sec.の略で、1秒間に流れる静止画の数とイメージしましょう。FPSが大きいほど滑らかな映像になります。

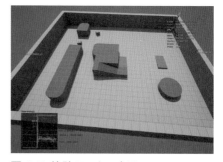

図 3-7 統計データの表示
（Engine→Detailedと選択）

● 画角

ビューポートでは近くのモノは大きく、遠くのものは小さく見える透視投影図（パースペクティブ）が使用されています。画角を変更するとこの遠近感の強弱が変わります。身近なところではスマートフォンに付属のカメラがわかりやすいでしょう。画角の広いカメラを広角カメラと呼ぶように、0.5倍で撮影した写真は1倍撮影時と奥行き感が異なります。

画角90（デフォルト）　　　　　　画角120　　　　　　　　画角150

図 3-8　画角による見え方の違い

● 遠方のビュー平面

この設定では見ている視点から遠くに存在するオブジェクトを非表示にすることができます。0に設定すれば無限遠方まで表示される設定です。

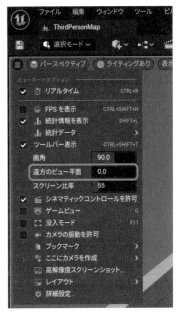

図 3-9　遠方のビュー平面設定

遠方のビュー平面設定　0(無限に表示)　　　　　遠方のビュー平面設定　1500

図 3-10　平面ビューの値による見え方の違い

• ゲームビュー

　ゲームビューはゲームプレイ中には表示されず、エディタ上に表示されるさまざまなシンボル
を非表示にするビューモードです。画面のキャプチャを手軽に撮影したい場合に非常に便利です。

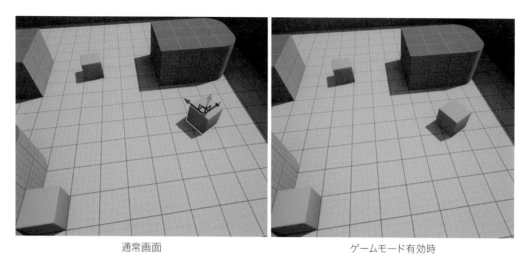

通常画面　　　　　　　　　　　　　　　　ゲームモード有効時

図 3-11　通常画面とゲームモードにおけるオブジェクトの見え方の違い

💡 **ゲームモードへの切り替え**

　ゲームモードへの切り替えショートカットキーは G です。スクリーンショット時に便利です。

• 高解像度スクリーンショット

　画面キャプチャは F9 で行うことができます。

　また高解像度スクリーンショットを用いて撮影することも可能です。

　本講座でも静止画、動画の撮影時に使用する項目ですので、後に改めて取り上げます。

• レイアウト

　ビューポートのレイアウトを変更することもできます。4分割にすればパースペクティブ(透視図)と正面、側面、上面など各視点を同時に確認することも可能です。

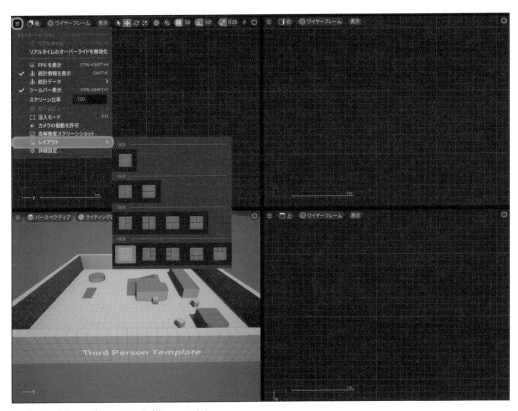

図 3-12　ビューポートの4分割レイアウト

📝 スクリーンショットを撮るには

　スクリーンショットのショートカットキーは F9 キーです。

CHAPTER

3

テンプレートでエディタに慣れよう

3-3 パースとシネマティックビューポート

3-3-1 パースペクティブ

　パースペクティブをクリックしてメニューを開きます。UE5のエディタは通常パースペクティブがデフォルトとなりますが、上面図や側面図に切り替えることができます。パースペクティブとは、近くは大きく遠くは小さくといったように、遠近感を表現する透視図のことを指します。一般に「パース」と略されることもあります。

　レベル上のアイテムを立体的に見渡すのにパースペクティブが適しています。

　一方で、上面図、側面図に切り替えれば各視点からアイテムの位置関係を正確に把握し管理することができます。なお、各視点に切り替えるとメッシュは自動で辺のみが表示されるワイヤーフレームに切り替わります。内部が透けて見えるため、内部に隠れた余分なメッシュを見つけたり、メッシュの細かさを確認したりするときに活用されます。

図 3-13 パースペクティブ
とその他ビューモード

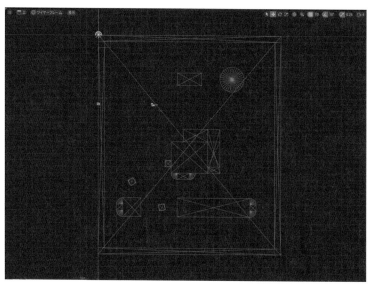

図 3-14 上面からみたワイヤーフレームビュー

🖊 上面図の使いどころ

　例えば「壁をスキマなく綺麗に並べたい」といった時にはパースペクティブよりも上面図を見ながら作業する方がいいでしょう。

3-3-2 シネマティックビューポート

　本書では使用しませんが、シネマティックビューポートについて簡単に解説します。シネマティックビューポートを有効にすると、ビューポート右上にアイコンが表示されます。

　コンポジションオーバーレイのグリッドを使用すれば、3分割法などで構図を決める際に役立ちます。

　3分割法とは簡単に説明すると、画面を縦横で3分割し**分割線の交点**に強調して見せたい対象物を配置するといいという考え方です。

シネマティックビューポートアイコン　　　コンポジションオーバーレイ

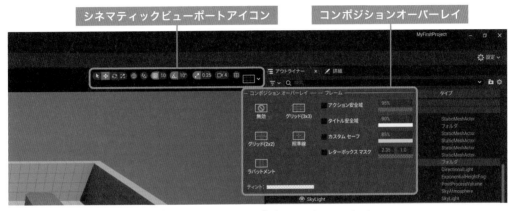

図 3-15　シネマティックビューポートアイコンとコンポジションオーバーレイ

図 3-16　サードパーソンテンプレート上の3分割線

図 3-17　3分割法と被写体の位置関係（公式ドキュメント）

　表示される線の色はティントで変えることができます。

　シネマティックビューポートが有効時には、再生をコントロールするためのディスプレイがビューポートの下部に表示されます。

　これはアニメーション等を制御するシーケンサと連動しており、使用しているカメラの情報、カメラの切り替えタイミングなどを把握することができます。

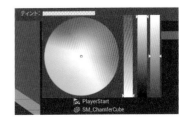

図 3-18　ティントの画面表示

CHAPTER 3 テンプレートでエディタに慣れよう

3-4 ビューポートの表示モード

3-4-1 ビューポートの機能

エディタのビューポートにはレベル上のさまざまな情報を視覚的に把握するためのいくつかのモードが備わっています。

あるシーンで適切なビュータイプを選択することで情報を絞り見やすくします。これにより処理負荷の調整や予期せぬエラーを未然に防ぐことができます。

これからUnreal Engineを学ぶ方にとってビューポートの表示モードを変更する機会はあまり多くはありません。

基本的にデフォルトで表示されている「ライティングあり」でいいでしょう。

ビューポートの表示モードは非常に項目が多いですがここでは知っておくと便利なものを抜粋して解説します（以下、公式ドキュメントより抜粋）。

図 3-19 表示モード一覧

● ライティングあり　（Lit）
　デフォルトの表示設定で最終的な見え方を確認します。

図 3-20 「ライティングあり」のときの表示画面

● ライティングなし　（Unlit）
　ベースカラーのみを表示します。ライティングはすべて無効になります。

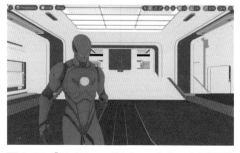

図 3-21 「ライティングなし」のときの表示画面

- ワイヤーフレーム

ポリゴンの辺が表示されます。内部が透過して見えるようになるので隠れたオブジェクトを見つけることができ、不要な重なりを発見することができます。

ポリゴン数を確認するのに役立つためレベル上のメッシュの最適化作業（負荷低減のためのポリゴン数の削減など）で活躍します。

図 3-22 「ワイヤーフレーム」のときの表示画面

- 詳細ライティング

ノーマル情報を見やすくするための表示モードです。モデルの凹凸感をより詳しく確認したい場合に使用します。

モデルの細かな凹凸を影によって表現するため三次元情報が含まれるノーマルマップが使用されます。

しかし、そのモデルが持つマテリアルの明るさや視認性によって、繊細な凹凸は確認しづらくなります。

図 3-23 「詳細ライティング」のときの表示画面

Detail Lighting では専用のマテリアル（丁度よい明るさの材質）を用いてノーマル情報を見やすくしてくれます。

- ライティングのみ

ライティングのみに影響を受け、その影響が丁度見やすい専用のマテリアルをモデルに割り当て表示させます。ライティングの影響をマテリアル情報（ベースカラーやノーマル）に依らず確かめる際に重宝します。

Detail Lighting とは異なりノーマル情報は無効化されていることに注意しましょう。

図 3-24 「ライティングのみ」のときの表示画面

- ライトの複雑性

レベル上に存在する設定の変更ができないスタティックライト以外のライトの数をカラーで示します。

スタティックライトはビルドを行うことで事前にライトマップという形で情報を保存し、処理負荷を低減することができますが、それ以外のライトはパフォーマンスに大きく影響します。

緑より赤に近いオブジェクトが多ければリアルタイムの計算負荷も大きくなるため、実際にゲームコンテンツなどを制作し快適に動作させるために注視しておくべき項目です。

CHAPTER

3

テンプレートでエディタに慣れよう

45

図 3-26 ライトの複雑性と表示カラー

図 3-25 図最適化ビューモード　ライトの複雑性設定

　以下はサードパーソンテンプレート上で複数のライトを配置しテストした結果です。
　エディタ上部のクイック追加メニュー→■からライト→Point Lightを選択し追加してみましょう。
　表示モードをライトの複雑性に切り替えると、複数のライトの影響範囲が重なる場所では色が変わるのがわかります。

図 3-27　クイック追加メニュー

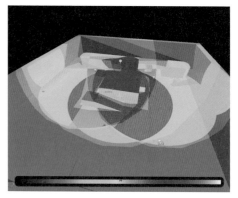

図 3-28　サートパーソンテンプレート上にポイントライトを複数置いた場合

🔧 ライトの処理負荷を確認しよう

　ライトの計算は負荷の高い処理です。表示モードで確認し、できるだけシンプルにしましょう。

- **シェーダーの複雑度**

　画面上の各ピクセルにおいて、シェーダーの計算負荷を可視化します。緑から赤に近づくほどシェーダー負荷が高いことを意味します。

　ライトの複雑性同様、プロジェクトの最適化において非常に重要な項目の一つです。

図 3-29　シェーダーの複雑度の色分け（公式ドキュメント）

✏️ シェーダーの最適化

　ライトの計算同様、負荷の高いシェーダーは最適化します。

3-4-2 ビューポートの視点操作

　ビューポートにおけるビューの操作（視点の移動）方法は以下の通りです。

表 3-1　ビューポートにおける操作

ビューの動き	マウス・キーボード操作
上下左右（平行移動）	中ドラッグ
上下左右（首振り）	右ドラッグ
前進後退	左&中ドラッグ
ズームイン&アウト	マウスホイールの回転
前へ / 左へ / 右へ / 後ろへ	マウスクリック＋WASD

- **WASDキーの有効化（任意）**

　一般にゲームマップ上をプレイヤーが移動する際はキーボードの W A S D キーを使用できますが、デフォルトの設定では単独で W A S D キーは無効になっています。

　上部メニューの**編集→エディタの環境設定→レベルエディタ→ビューポート**と進みます。

　フライトカメラコントロールタイプはデフォルトでUse WASD only when a Mouse Button is Pressedとなっており、マウスが押されているときのみ有効であることがわかります。

　Use WASD for Camera Controlsに変更すればマウスが押されていなくとも有効となります。

　ただし、 W はトランスフォームの移動タイプへの切り替えショートカットに設定されていますので競合します。これを踏まえて任意で変更してください。

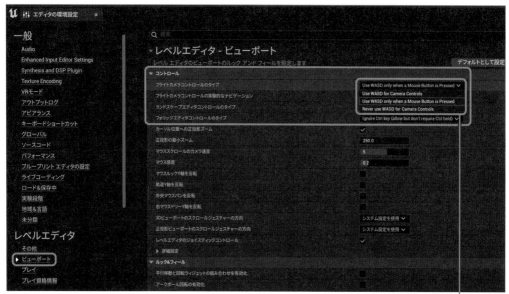

図 3-30 エディタの環境設定

3-5 オブジェクトを操作しよう

3-5-1 トランスフォーム

　トランスフォームとは、スタティックメッシュなどのオブジェクトを移動、回転、拡大縮小することを指します。サードパーソンテンプレートに含まれているスタティックメッシュを選択してみると、ギズモと呼ばれるトランスフォームのためのツールが表示されます。

　Unreal Engineが扱うのはXYZ軸をもつ3次元空間（3D空間）です。各方向には対応する色が決められており、X軸＝赤、Y軸＝緑、Z軸＝青となっています。

　さまざまなシチュエーションでこの色の識別は共通するので覚えておきましょう。

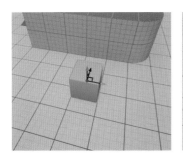

図 3-31　移動のシンボル

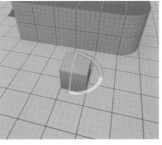

図 3-32　回転のシンボル
（円弧の帯）

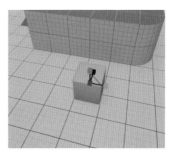

図 3-33　拡大縮小のシンボル
（立方体付きの棒）

● トランスフォームの切り替え

　移動・回転・拡大縮小の各モードはビューポート上部のボタンで切り替えることができます。ショートカットキーは Space です。非常に便利なので必ず覚えましょう。

💡 トランスフォームの切り替え

　トランスフォームの切り替えは Space で行うことができます。

● トランスフォーム切り替えボタン

　トランスフォームに関連するオプションが右上部に並んだボタン群です。

　一番左からオブジェクトの選択モード 🖱、移動モード ✥、回転モード 🔃 、拡大縮小モード 🔲 と続きます。青く色づいているのが有効なものです。

　切り替えはボタンのクリックでも可能ですが、前述の通り Space キーを押すことで素早く行うことが可能です。

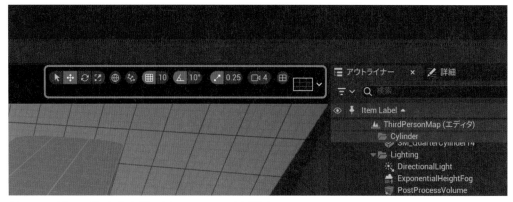

図 3-34 ビューポート右上部 トランスフォーム量設定

実際に手を動かしてみましょう。

1 方向の移動	例として、移動のための矢印を左ドラッグで動かしてみましょう。掴んだ方向にスタティックメッシュを移動することができます。
平面上の移動	2 つの軸（矢印）の間にある四角いシンボルをドラッグしてみましょう。 X 軸と Y 軸の間にある四角をドラッグすればスタティックメッシュが XY 平面に固定されて動かせます。 高さ方向を変えずに移動したいときなどに使用します。
全方向の移動	各軸が 1 点に集まる場所（メッシュの原点）をドラッグすれば制限なく移動することが可能です。

回転と拡大縮小も同様な操作で編集することができます。試してみましょう。

🔧 XYZ スケールの一括変更

拡大縮小をする際、移動と同様に原点にある球を左ドラッグすればXYZ方向の大きさの比率を保ったまま拡大縮小することができます。切り替えて試してみましょう。

● トランスフォーム座標

　🌐、⚒ はクリックで切り替えることができます。前者はワールド基準のトランスフォーム、後者はローカル基準、またはオブジェクト座標基準のトランスフォームを意味します。ワールド基準とは作業をしているレベルが持つ全体で共通の座標軸です。通常、重力方向がZ軸となります。つまり選択しているオブジェクトの持つ向きとは無関係にトランスフォームを行うことができます。

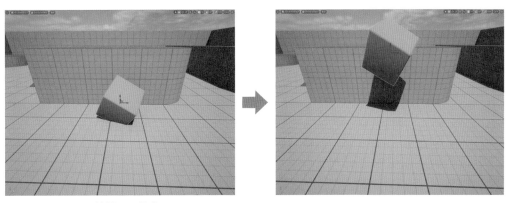

図 3-35　ワールド基準のZ移動

　一方ローカル基準は、選択しているオブジェクトの持つ座標軸を基準にしています。

　もしそのオブジェクトが回転していれば、そのオブジェクトが持つローカル座標軸も一緒に回転しているため、オブジェクトの向きなどを反映してトランスフォームを行うことができます。

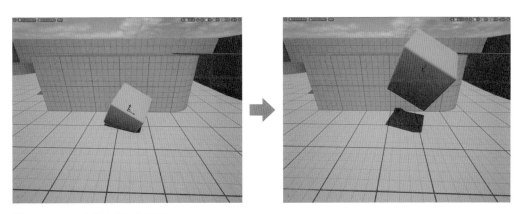

図 3-36　ローカル基準のZ移動

● サーフェススナップ

選択しているスタティックメッシュを他のオブジェクトの表面に合わせたい（スナップしたい）場合に使用します。

曲線から3つの矢印が飛び出たマークのボタンをクリックします。サーフェススナップを選択してチェックマークが入った状態にしましょう。

選択オブジェクトのスナップの基準となるのは、スタティックメッシュのもつ原点です。原点はギズモの各軸が交わる位置で確認することができます。

図 3-37 サーフェススナップボタン

● サーフェス法線へ回転

サーフェス法線へ回転を有効にしている場合、スナップ先オブジェクトの法線（ノーマル）方向に合わせて向きが変わります。法線方向とはスタティックメッシュが持つポリゴンの面の向きのことです。例えば山の斜面に岩を沿わせたい場合には、山の斜面のポリゴンの向きを参照して、その方向に合うように岩のトランスフォームが自動でスナップします。

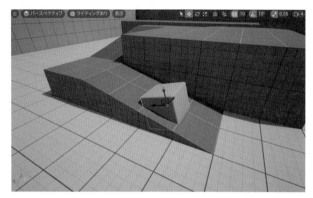

図 3-38 サーフェス法線へ回転OFF

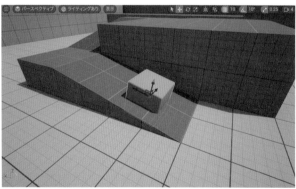

図 3-39 サーフェス法線へ回転ON

• 原点のオフセット（ずらす・移動）

　スナップを学び実践するにあたり、オブジェクトの原点位置が重要であることに気づくでしょう。

　トランスフォームの基準となる原点のことをピボット（ピボットポイント）と呼びます。

⚠ ピボット位置の調整

　ピボットはマウスの中ホイールの押し込み（中ドラッグ）によって移動することができます。

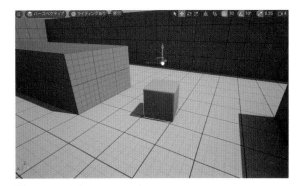

図 3-40　原点のオフセット

　ただし移動後は未確定の状態です。

　そのまま**右クリック→ピボットオフセットとして設定**を選択しましょう。

　選択後は原点の移動が確定しますので、オブジェクト際選択しても移動が保持されたままになります。

　原点を元の位置に戻したい場合は、選択状態で**右クリック→ピボット→ピボットオフセットをリセット**、あるいは**選択内容にセンタリング**を選択しましょう。

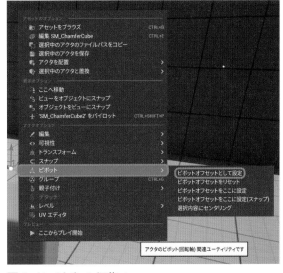

図 3-41　ピボット編集メニュー

• 指定箇所に原点をオフセットする

　自分の望む位置にピボットポイントを移動するには、移動先にマウスカーソルを添えて右クリックします。

　ピボット→ピボットオフセットをここに設定を選択します。

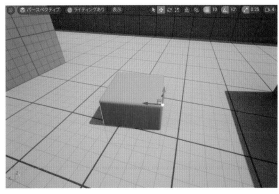

図 3-42　立方体の角にピボットポイントを移動した場合

● トランスフォーム量の設定

デフォルトの設定では移動や回転、拡大縮小といったトランスフォームの編集は一定量で行われます。

例えば回転であれば10°ずつ回転するといった具合です。

ビューポート右上部に数字が添えられた3つのボタンが存在し、左から移動、回転、拡大縮小の順に並んでいます。

添えられた数字はスナップサイズと呼ばれ、トランスフォーム時の移動量、回転量、拡大縮小量を示します。

図 3-43 スナップサイズ

サードパーソンテンプレートのスタティックメッシュに近寄るとグリッドがついているのがわかります。細いグリッド間隔が20、太いグリッド間隔が100です。スナップサイズを100に変更して、動かしてみましょう。小さなマスできっちり5マス分動くのが確認できます。

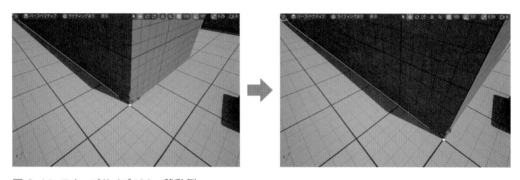

図 3-44 スナップサイズ100　移動例

🔧 スナップを活用しよう

ワールドのオブジェクトを整頓したい場合はスナップしながら配置しましょう。

スナップをオフにして滑らかに、連続的に動かしたい場合には青く点灯したボタンをクリックしてスナップをオフにします。この状態ではギズモを使って制限なく自由にオブジェクトを移動したり回転したりすることが可能です。

図 3-45 トランスフォーム量のスナップOFFの状態

• カメラの移動速度

ビューポート右上部の右端にカメラマークのボタンがあります。ここでは、私たちが眺めているビューポートの視点（視点となるカメラ）の移動速度を変更することが可能です。デフォルトでは4が設定されており、レベル上のアイテムを選択する分には適したスピードでしょう。

本書ではサードパーソンテンプレートより大規模な地形のメッシュが登場します。大規模なメッシュの編集にはカメラスピード4は向きません。8程度に引き上げて使用することをおすすめします。

カメラスピードスカラーとはカメラの移動速度をより速く、またはより遅くしたい場合に使用します。『実際のカメラ速度＝カメラ速度×スピードスカラー』の関係があり、スピードスカラーを2にすれば設定速度の2倍に、0.5にすれば半分の速度にすることができます。

図 3-46 カメラ速度とスピードスカラー

トランスフォームは各オブジェクトがその情報を持っており詳細パネルで管理することができます。詳細パネルにおけるトランスフォームは次項で解説しましょう。

🔧 カメラ速度を調整しよう

カメラ速度は見ている対象の大きさに合わせて変更しましょう。

3-5-2 詳細パネル

• アイテムの構成、階層構造

詳細パネルの最上段にはそのアイテムを構成するアクタやコンポーネントが階層構造で表示されます。Unreal Engineに並ぶゲームエンジンであるUnityではインスペクターと呼ばれているものに近いです。

本書ではこの階層構造を意識して作業をする必要はありませんが、Unreal Engineを学んでいく上で基本を押さえておきましょう。

アクタというのはレベル上に配置できる役者のことでした。単にアクタというと何の役割もない空っぽの箱のようなものです。

コンポーネントはアクタの持つことができる機能です。例えばスポットライトコンポーネントを含んだアクタはレベル上で発光してライトの役割を果たします。

図 3-47 アイテム（スタティックメッシュ）の構成

• トランスフォームの基本と値のリセット

ビューポート上で行うトランスフォームの編集を紹介しましたが、**ウィンドウ→詳細**から開ける詳細パネルでも行うことができます。

入力欄は上段から位置、回転、拡大縮小で、それぞれXYZの軸に対応して赤緑青の入力欄が用意されています。

入力欄に直接数字を打ち込むか左ドラッグでマウスを左右に動かすことで値の編集が可能です。

図 3-48 トランスフォームの入力欄

値が編集されている場合、入力欄の右端に曲り矢印が表示されます。値をリセットしたい場合に選択しましょう。

図 3-49 値のリセット

• 拡大縮小のロック

拡大縮小を行う場合にXYZ方向の比率を維持したい場合があるでしょう。拡大縮小の右に添えられた錠マーク（ロックマーク）をONにしていずれ

図 3-50 拡大縮小のロック

かの軸を編集すると、XYZの比率を保ったまますべての値を一括編集することができます。

• トランスフォーム座標の表示

トランスフォーム欄に表示される値には、相対座標とワールド座標が存在します。

位置を例に解説しましょう。「ワールド」とはこのレベルが持つたった一つの原点を基準とした座標です。「相対」とは選択しているオブジェクトの親にあたるオブジェクトの原点位置を (0,0,0) としたとき、そこからのズレ量を座標として表示します。

サードパーソンテンプレートでは配置されている各スタティックメッシュは最上位にある「ThridPersonMap」の子になっています。つまり、ワールドが親でスタティックメッシュが子といったイメージです。

図 3-51 相対とワールド切り替え

なお、ワールドの原点は、地面となっている四角い箱形状の角に位置します。このレベル全体（ワールドの）原点となっています。ややこしいことに、この状態では「親の原点」＝「ワールド原点」となっており、2種類のトランスフォーム座標「相対」「ワールド」を比べることができません。そこで、2

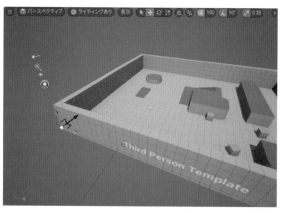

図 3-52 ワールド原点の位置

つのスタティックメッシュの間で親子関係を意図的につくりその違いについて学びましょう。

• 親子関係とは

例としてサードパーソンテンプレートの中央にあるスロープ形状のスタティックメッシュを使用します。

選択すると、スロープは「SM_Ramp3」スロープを上がり切った場所のメッシュは「SM_Cube10」であることがわかります。

☑ 相対座標とは？

相対座標は親に対しての子の座標です。親が異なるオブジェクトを用意しましょう。

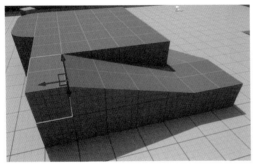

図 3-53 アウトライナー上の2つのメッシュ

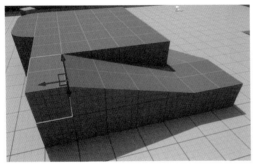

図 3-54 スタティックメッシュ　SM_Cube10

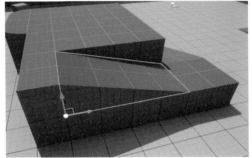

図 3-55 スタティックメッシュ　SM_Ramp3

次のアウトライナーの解説でも触れますが、親子関係を持つオブジェクトは「**親を動かすと子が一緒に動く**」「**子が動くとき親は動かない**」といったルールが適用されます。アウトライナーでは子が親の直下に位置し、表示上1マス右にズレます。下図ではSM_Cube10が親、SM_Ramp3が子となります。

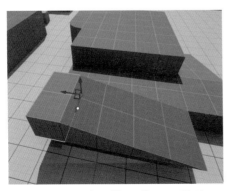

図 3-56 親子関係　「親を動かすと子がついてくる」

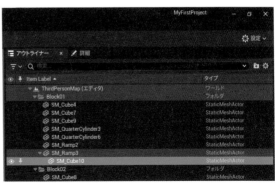

図 3-57 親子関係作成後のアウトライナー表示

● 親子関係の作成

親子関係の作成は非常に簡単です。SM_Ramp3をドラッグしてSM_Cube10の上でドロップしましょう。この状態で親であるSM_Cube10を動かせば子も一緒に付いてきます。

● 相対位置のリセット

親子関係がつくれたら、子であるSM_Ramp3を選択し詳細パネルからトランスフォームの位置をリセットします。リセットは入力欄右端の曲り矢印でしたね。ここでの「位置」とは相対位置であることを改めて確認しましょう。トランスフォームの位置が(0,0,0)となると2つのスタティックメッシュの原点位置が揃います。相対位置とは「親からのずれ量」を意味しているため一致するわけです。

図3-58 トランスフォームのリセット後

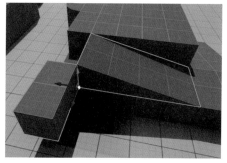

図3-59 2つのメッシュの原点位置が一致

● アクタの可動性

メッシュやライトのようなアクタには可動性というアクタの状態を示す概念があります。

可動性の種類には、スタティック、ステーショナリー、ムーバブルの3つがあり、直訳するとスタティック＝静的、ステーショナリー＝固定、ムーバブル＝可動となります。ゲームプレイ中に動かず条件変更されないものがスタティック、動かないが変更され得るものがステーショナル、動きかつ変更されるものがムーバブルです。スタティックメッシュとライトそれぞれの可動性の組み合わせによりライティングの計算方法が異なります。

表3-2 ライトの可動性毎のスタティックメッシュのライティング処理の違い

		ライト		
		静的	固定	可動
スタティックメッシュ	静的	事前に計算されたフライトマップを使用する	事前に計算されたライトマップを使用する	ボリュームメトリックライトマップなどの間接ライティングを行う
	固定	可動アクタのように動的に照らされる	可動アクタのように動的に照らされる	ライトが不動なら記憶されたシャドウマップを再利用
	可動	動的なシャドウ無し	動的な影＋ボリュームライトマップ	動的シャドウのみ

　静的なライトの計算は、光の反射や屈折、散乱といった現象を事前計算し、ライトマップと呼ばれる画像データとして保存します。これによりゲームプレイ中の計算負荷を大幅に軽減することが可能です。

　当然、処理の負荷は**ムーバブル＞ステーショナリー＞スタティック**のような関係で、可能な限り可動性をスタティックに設定することが好ましいでしょう。ゲームプレイ中変化が無く動かない建物などがスタティックにすべきアクタの代表例です。

💡 処理負荷の低減指針

　最初は可動性の最適化よりも、最小限のライト数で表現できないか、マテリアルを共用できないかを検討しましょう。

3-5-3 アウトライナー

　アウトライナーはレベル上に存在するすべてのアイテムを階層構造が分かるように一覧表示したものです。ゲームエンジンUnityではヒエラルキーと呼ばれているものと同じです。ここまでにスタティックメッシュの親子関係づくりを例に、アウトライナー上の階層構造（親子関係）を学んできました。サードパーソンテンプレートにおいて、最上位の親はThirdPersonMapと書かれたワールドタイプのアイテムです。その下にフォルダやスタティックメッシュといったアイテムが格納され、さらにその中にスタティックメッシュが格納されます。親から見て2階層下の子（子のさらに子）を「孫」と呼ぶこともあります。

　フォルダを使うとよりわかりやすくなります。検索欄右隣のフォルダマークから追加しましょう。

図 3-60　アウトライナー

● アイテム名の編集と検索の活用

アイテム名の編集は選択後に [F2] を押すことで可能です。アウトライナーは非常に多くのアイテムで溢れます。最初は一覧表からそのまま望むものを探しがちですが、最上部にある検索欄を活用するようにしましょう。

デフォルトのアイテムは、スタティックメッシュであればSM、ブループリントはBP、マテリアルはM（マテリアルインスタンスでMI）というように接頭語がついています。これらの接頭語を活用して効率的に検索するとともに、自分で作成する新たなアイテムについても管理しやすい接頭語をつけることをおすすめします。

🔧 名前の編集と検索性

アイテム名の編集は [F2]。
アウトライナーの検索欄を活用しましょう。あとで検索しやすい名前を付けましょう。

また、検索時のテクニックとして＋と-を使用する方法もあります。頭に-（マイナス）を加えればキーワードを除外して検索できます。例えば[-SM]で検索すると、「SM」を含まないすべてのアイテムが表示されます。

一方、頭に＋（プラス）を加えると続くキーワードと完全一致するアイテムを検索結果に表示します。[+Ramp]と検索すると、SM_Rampなどの検索結果は出てこず、単に「Ramp」と名付けられたアイテムのみ表示されます。

図 3-61 [-SM]の検索結果

図 3-62 [+SM_Ramp]の検索結果

図 3-63 [+Ramp]の検索結果

💡 **完全一致と除外検索の活用**

検索では＋と一を頭につけて、完全一致と除外検索を活用しましょう。

● **アイテムの場所へ素早く移動する**

ビューポートで選択したアイテムはアウトライナーで点灯します。同様にアウトライナーで選択すればビューポートでも確認できます。

アウトライナーでダブルクリックすると選択物にビューポートでフォーカスしズームします。遠くにあるオブジェクトでも素早く移動し画面内に収めることができるので非常に便利です。

💡 **オブジェクトへのフォーカス**

アウトライナーでアイテムをダブルクリックして素早く視界に収めましょう。

なお、画面内のオブジェクトであれば、オブジェクトを選択した後、**右クリック→表示オプション→ここへ移動**で素早くフォーカスすることが可能です。

アウトライナーのアイテム上で右クリックするとオプションメニューが表示されます。重要なものを見ていきましょう。

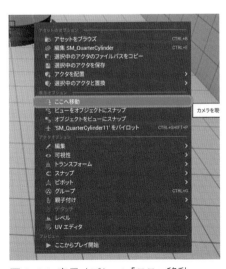

図 3-64　表示オプション「ここへ移動」

図 3-65　アイテムのオプションメニュー

• アセットをブラウズ

アウトライナー上で右クリックし**アセットをブラウズ**を選択すると、対称のアイテムがコンテンツドロワーから検索され素早く表示されます。

非常によく使用する操作なのでショートカットキー Ctrl + B とあわせて押さえておきましょう。

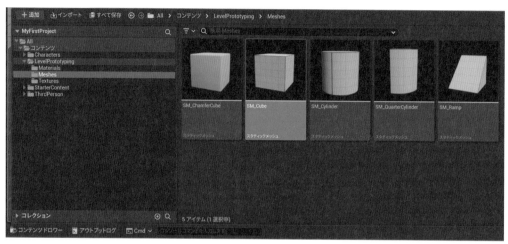

図 3-66 コンテンツドロワー上の表示

• レベル上にアイテムを配置する

今回は検索結果にある「SM_MatPreviewMesh_02」をレベル上に配置してみましょう。

エンジンバージョンによっては、この名称のスタティックメッシュが存在しない場合があります。ここではどんなものでも構いませんので、任意のメッシュを選んでください。コンテンツドロワーからドラッグ＆ドロップでレベル上に配置します。

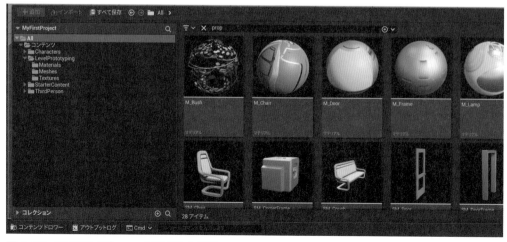

図 3-67 Allに対して「prop」で検索した結果

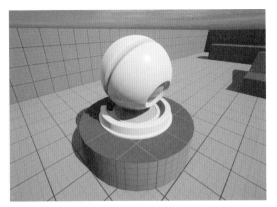

図 3-68　配置後のスタティックメッシュ

オブジェクトの整頓

　サーフェススナップ＆「サーフェス法線へ回転」を有効にしておくと綺麗に配置することができます。

スタティックメッシュのエディタ

　下図はスタティックメッシュをダブルクリックして立ち上がるスタティックメッシュ専用のエディタです。

　メッシュに近寄って細部を確認したり、360°ぐるりと眺めたり、マテリアルを変更したり、他オブジェクトとの干渉性（コリジョン）を設定、変更したりすることができます。

図 3-69　スタティックメッシュエディタ

• グループ化

　複数のオブジェクトを選択してグループ化することでビューポート上を一括でトランスフォームすることが可能です。親子関係のようなどちらが優位なオブジェクトかの区別はありません。

　複数選択は Ctrl ＋左クリック、 Shift を使用すれば一定範囲をまとめて選択可能です。選択後に右クリックし**グループ**を選択します。

　グループ化が完了したらビューポートでまとめてトランスフォームしてみましょう。緑色の枠が表示され一括編集が可能です。

オブジェクトのグループ化

　グループ化のショートカットは Ctrl ＋ G です。

グループ化の解除

　グループ化の解除は Shift ＋ G です。

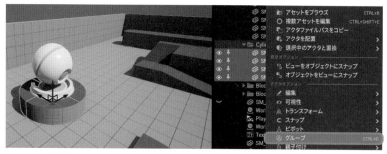

図 3-70 複数選択後にグループ化

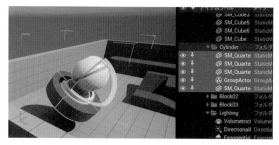

図 3-71 グループ化後のトランスフォーム例

• 親子関係

詳細パネルの解説の際にドラッグ＆ドロップで親子関係が簡単に作れることを学びましたね。

ここでは右クリックメニューから表示される親子付けを使用します。

まずは親となるスタティックメッシュを用意しましょう。グループ化を活用して「SM_QuarterCylinder」をまとめます。

この時「SM_QuarterCylinder」の数字の部分も一緒に確認しておきましょう。私の場合は「SM_QuarterCylinder11~14」です。

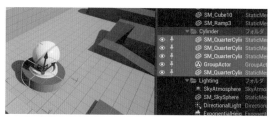

図 3-72 「SM_QuarterCylinder」のグループ化

次に異なるスタティックメッシュ「SM_MatPreviewMesh_02」を**右クリック→親子付け→検索欄に「Cylinder」などと入力**してグループ化したメッシュのうち一つを選択します。

これで親子関係が完成です。

図 3-73 親子付け

アウトライナーで階層構造を確認しましょう。
「SM_MatPreviewMesh_02」が右に1つずれて、
Cylinder11の子になっているのがわかります。

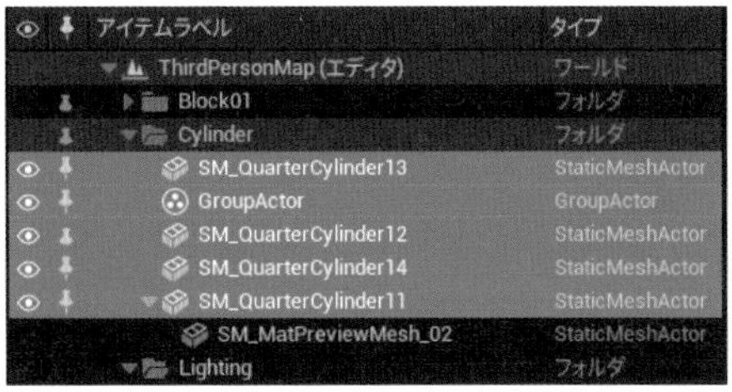

アイテムラベル	タイプ
▲ ThirdPersonMap (エディタ)	ワールド
▶ Block01	フォルダ
▼ Cylinder	フォルダ
SM_QuarterCylinder13	StaticMeshActor
GroupActor	GroupActor
SM_QuarterCylinder12	StaticMeshActor
SM_QuarterCylinder14	StaticMeshActor
SM_QuarterCylinder11	StaticMeshActor
SM_MatPreviewMesh_02	StaticMeshActor
▼ Lighting	フォルダ

図 3-74 親子関係の確認

親子関係をつくることができたら復習です。親を動かすと子が一緒に動きます。子を動かしても親は動きません。

図 3-75 親(グループ)を移動・回転した例

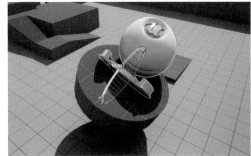

図 3-76 子を回転した例

繰り返しになりますが、親子関係はレベル上のオブジェクトを管理するのに非常に重要です。ドラッグ&ドロップの方法と合わせてしっかり押さえましょう。

操作の巻き戻しとやり直し

操作を戻す場合は Ctrl + Z 、操作をやり直す(進める)場合は Ctrl + Y を使用しましょう。

3-5-4 ゲームプレイ

エディタ上部の▶でゲームプレイ(再生)をすることができます。
サードパーソンテンプレートでプレイするとカメラの視線に移動し、メインキャラクターを背後から捉えます。

図 3-77 ゲームプレイボタン

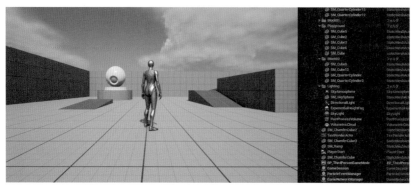

図 3-78 プレイ開始後のゲーム画面

マウスを動かすことでさまざまな視点からキャラクターを眺めることができます。

図 3-79 さまざまなカメラの視点

プレイを停止するためには一度 [Esc] を押してマウス操作を有効にします。
その後、▮▮を押してゲームプレイを停止しましょう。

図 3-80 プレイ停止ボタン

CHAPTER 4

ランドスケープによる
風景制作をはじめよう

この章では、Unreal Engineにおけるランドスケープ機能について詳しく解説します。ランドスケープは、美しい自然環境を作り出す上で欠かせない機能であり、その概要や進め方のポイント、行程の全体像について紹介します。また、Quixel Bridgeとは何かについても解説しますので、ぜひご覧ください。ランドスケープを使って、自分だけの美しい世界を創造しましょう。

4-1 ランドスケープ機能の概要を知ろう

4-1-1 進め方のポイント

　ここからは本書のメインストリームであるランドスケープ機能の概要について解説します。Unreal Engineを使用した風景（背景）制作の工程は非常に長いため、全体像とゴールまでの距離感を把握した上で作業することはモチベーション維持の観点からも非常に重要です。また、本書では各工程を順々に解説していきますが、実際の制作は工程を行ったり来たりすることも多いでしょう。

　今作業している工程と次に待っている工程を理解しておくことで、次工程のクオリティアップや作業のしやすさのための前工程での工夫にも繋がります。

　ランドスケープ機能を使用した風景制作の全工程は大きく分けて、リファレンス集め、メッシュ生成、スカルプト、マテリアル作成、ペイント、アセット活用、フォリッジ、ライティング、撮影の9つの工程です。それでは各工程のイメージを掴んでいきましょう。

4-1-2 工程の全体像

STEP 1　**管理モードでメッシュを生成する**

　管理モードは地面となるメッシュのサイズを決めてレベル上へ生成し、部分的な削除などの編集が行えるモードです。

　制作序盤は基本的に決まった作業を行えばいいでしょう。制作の後半に再び管理モードでの作業が発生します。その時のために基本的な機能は網羅的に学習を進めましょう。

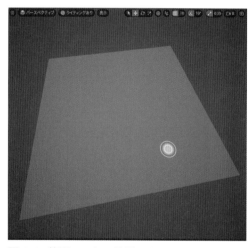

図 4-1　管理モードで地形のもとをつくる

STEP 2　**スカルプトモードでの地形をつくる**

　ランドスケープ機能のスカルプトモードでは、さまざまな編集効果を持つツールを使い分けて地形をつくります。制作者によって地形づくりの結果は千差万別であり、オリジナリティの出せる愉しい工程でもあります。

本書では、まず先にツールの基本的な使い方を丁寧に解説します。設定項目は非常に多いため網羅的に、かつポイントが分かるよう重点を置いてお伝えしていきます。

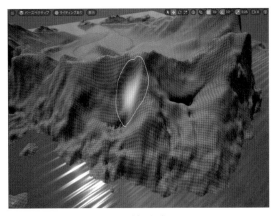

図 4-2 スカルプトによる地形づくり

STEP 3　イメージを固める

操作の基本が身についた後は、制作物のイメージを具体化する時間が必要です。リファレンスとなる情報を集めて、どんな風景に自分の心が躍るのかを探っていきましょう。Unsplashなどのストック写真のwebサイトを参考にするのがおすすめです。

悩んでしまったら、とりあえず手を動かして地形づくりに取り組んでみることもいいでしょう。基本的な操作を学んでおくことで、創り出せる細部の形のイメージはできています。作業の中で予期せぬ素晴らしい地形に出会えるかもしれません。

本書をここまで読み進めているあなたも、スカルプト工程に進む前に、今から作りたい世界をじっくりと考え想像してみてはいかがでしょうか。

📝 制作物のイメージを膨らませよう

制作したいもののイメージを早いうちから練りましょう。写真を眺めたり、ゆっくりと自分の想像の世界を膨らませたりする時間が必要です。

STEP 4　ペイントのためのマテリアルを作成する

地形づくりが終わり風景の全体像が見えてくれば、次はペイントモードでメッシュを色付けていく工程に移ります。ペイントを行うにはマテリアルが必要です。マテリアルとはメッシュの材質、見た目を決める要素でした。

Unreal EngineにはQuixel Bridgeと呼ばれる無料アセットの導入システムが整っており、地形を塗り分けるためのマテリアルアセットも豊富に用意されています。

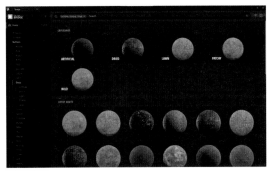

図 4-3 Quixel Bridge Surfacesアセット

このQuixel Bridgeを活用したアセット探しは、本風景制作において非常に楽しくワクワクできる時間です。砂や土の地面、芝生、雑草の生い茂る地面、浜辺、砂漠、ゴツゴツした岩肌、

苔付きの岩、風化した崖などさまざまな表現をハイクオリティなアセットがあなたをバックアップしてくれます。

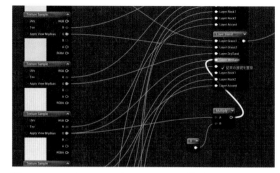

ただし、ランドスケープに使用するマテリアルの数は多くても10以下に抑えましょう。あなたが今から作りたい風景は、荒々しいものなのか、穏やかなものなのか、自然は多いか少ないか、今からイメージを膨らませておきましょう。アセット選択の際に迷いが少なくなるはずです。

図 4-4 ランドスケープマテリアルの作成風景

ランドスケープにおけるマテリアルの作成には特殊な工程が含まれるため、アセットをそのまま使用するだけでは不十分です。マテリアルエディタと呼ばれる、マテリアルを手動で構成するエディタの操作方法を学び、非常に便利なランドスケープマテリアルを作成しましょう。

🔧 マテリアルからイメージを膨らませよう

マテリアルも雰囲気を決定づける一因です。Quixel Bridgeを早めにチェックしておきましょう。

STEP 5 ペイントモードで地面を塗り分ける

マテリアルが作成できたら、いよいよペイント工程です。色の無かったメッシュの見た目が劇的に変わることで、私たちがこれからつくっていく風景への期待が膨らむ大変楽しい工程です。

ランドスケープに使用するマテリアルはLayerBlend（レイヤーブレンド）という方法で作成されます。この方法では複数のマテリアルを重ねながら繊細な地表の表現を作り込むことが可能です。

例えば、草むらから小石へ、小石から砂利へ、砂利から砂浜へといったように、さまざまなマテリアルをグラデーションさせながら重ねることで自然な境界をつくり出します。複雑な表現が可能なレイヤーブレンドですが、一方で美しく塗り分けるためのテクニックが要求されます。独特な癖があるのでコツを押さえて作業を進めます。

図 4-5 LayerBlend ノード

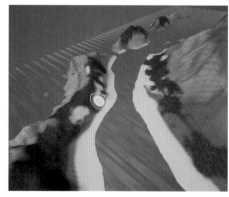

図 4-6 LayerBlendを利用したペイント工程の作業風景

ペイント工程を行うことで意識できるようになることの一つとして、前工程で生成したメッシュの品質があります。

例えば、針のように尖った山をつくったとしましょう。先端付近はメッシュの歪みが多くなりがちです。ランドスケープ使用するマテリアルはテクスチャ（画像データ）を使用しています。メッシュが歪んでいると、当然テクスチャも歪みますので不自然な見た目になります。

本書では工程を戻ることはありませんが、こういった観点から最初のうちにスカルプトとペイントを行き来することは少な

図 4-7　急な地形の変化で歪んだ状態

くないでしょう。歪んだメッシュの対策に関して、詳しくは後のスカルプトモードにおける「リトポロジー」で解説します。

🔧 メッシュの歪みに気を付けよう

メッシュの歪みによってペイント結果が不自然になることがあります。滑らかで美しいメッシュ構造（トポロジー）に気を付けましょう。

STEP 6　3Dアセットでつくりこむ

マテリアル作成時にも活用したQuixel Bridge には3Dメッシュとマテリアルがセットになった3Dアセットが豊富に用意されています。この工程もまた、制作者のオリジナリティを出せる重要な工程となるでしょう。

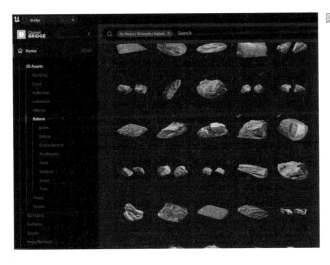

図 4-8　Quixel Bridge の 3D Assets

　特定のアセットを使うからと言って、創られる風景は同じになるかというとそうではありません。この工程では、メッシュのトランスフォームを駆使しながらバリエーション豊かにオブジェクトを配置する方法を学び3Dアセットを最大限活用します。その風景に文明はあるのか、建物は？道路は？そんなことを考えながら好みのアセット見つけましょう。

　もしあなたが初めて風景制作にチャレンジしているのなら、3Dアセットを配置するタイミングで「地形をもう少し編集したい」「ペイントし直したい」と感じるはずです。

　例えば、建物を置きたいと思ったけれど平地が無い。綺麗な砂浜に貝殻をちりばめたいけど、砂浜が砂利だらけ。こんなことが無いよう少し先回りして3Dアセットを眺めておくのもいいでしょう。

　もちろん、アセット配置の工程から、スカルプトやペイント工程に戻っても構いません。最初は工程戻りを経験しながら、後工程をスムーズに進めるための自分なりの工夫ができるとベストです。本書でもそういったポイントについてしっかりレクチャーしていきます。

図 4-9　3Dアセットによる浜辺の作成例

3Dアセットきっかけの作品づくり

　使いたい3Dアセットを先に見つけて、それを基準に風景をつくってもいいでしょう。

STEP 7　フォリッジモードで草花を飾る

　フォリッジモードとは草や花を地面に配置する工程です。マテリアルや3Dアセットと同様に、Quixel Bridgeには豊富なアセットが用意されています。

　フォリッジは全行程の中でも最も処理が重くなりがちな工程です。草花の配置のしすぎに注意して効率よく作業を行いましょう。フォリッジモードは設定次第で表現の幅が広がりますので、一つ一つ丁寧に解説していきます。

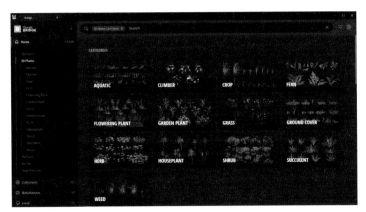

図 4-10 Quixel Bridge の 3D Plants

STEP 8 ライティングで魅せる

　風景制作をよりいいものにするため、ライティングの知識は欠かせません。次のポストプロセスと合わせてUnreal Engineのライティングシステムについて理解を深めましょう。

　Unreal Engineのライティングを理解するには、ポイントライトやディレクショナルライトなどの基本的なライトの種類に加えて、Naniteなどのライティングシステム、ブループリントで制御された空 (SkySphere) の設定について総合的に理解していく必要があります。

　ライティングそのものが非常に奥深くボリュームのある内容ですので、本書では、最初にライティングに関する基本知識をまとめた上で、風景制作の中で実践していきます。

　ライティングでは発光体はもちろんのこと、空間中の光の散乱をコントロールすることが非常に重要です。フォグというアイテムを追加することで風景はより神秘的に荘厳な雰囲気をまといます。フォグにも種類がありますので一つ一つ丁寧に学んでいきましょう。

図 4-11 太陽のコントロール

図 4-12 フォグの追加

STEP 9 ポストプロセスでリッチに

ポストプロセスとは画面上に映し出す風景に施す後処理のことです。ポスト処理とも呼ばれます。

露光時間の調整や、コントラスト、カラーを後から微修正することが可能です。他にもカメラレンズフレアを追加するなどポスト処理が行える演出は非常に多く豊かで、格好よく素敵な風景撮影には欠かせません。

本書ではポストプロセスの各設定項目を網羅的に解説します。あなたの気に入る表現がきっとあるはずです。

図 4-13 ポストプロセス レンズフレア

ポストプロセスとは？

ポストプロセスは作品を魅せるために重要な後処理の工程です。本書で原理を押さえて使いこなしましょう。

STEP 10 静止画と動画の撮影

Unreal Engineで風景制作、最後の工程は撮影です。静止画の撮影そのものは非常に簡単にできますが、問題はカメラの制御です。初心者の方で意外と躓くのがカメラの設定や撮影のためのコントロール方法でしょう。

動画となればさらに難易度が増します。本書ではシーケンサを用いて、制御中のカメラによる動画の撮影までサポートしていきます。

図 4-14 カメラの制御と静止画、動画の撮影

カメラレンズフレアとは？

カメラ本体の内部で強い光の反射が起こることをフレアと呼びます。フレアの形状は円形やリング状、多角形、星形などさまざまありますが、発生原理は同じです。もとはカメラでの撮影にとって好ましくないものですが、美しいフレアは画を映えさせることからスタイリッシュな要素として意図してつくられることもあります。

4-2 アセットを使う準備をしよう

ここまでランドスケープ機能を使用した風景制作のアウトラインをお話してきましたが、随所でQuixel Bridgeを事前に確認しておくメリットについて触れてきました。ここではQuixel Bridge内のアセットの確認方法について先に解説しておきましょう。

STEP 1 Quixel Bridgeを開く

基本的にUnreal Engineをインストールした時点でQuixel Bridgeが素早く使用できる状態になっているはずです。ここまでに使用してきたプロジェクト「MyFirstProject」を開きます。

エディタ上部にあるクイック追加メニュー █ を選択してドロップダウンを開きましょう。メニューの中からQuixel Bridgeを選択して開きます。

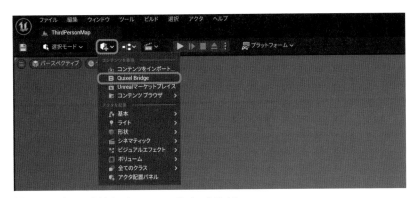

図 4-15 クイック追加メニューのQuixel Bridge

図 4-16 Quixel Bridgeのトップ画面

STEP 2 Quixel Bridgeの有効化

何らかの原因によりQuixel Bridgeが無効化されている場合は以下の方法で、手動で有効化します。

まず上部メニューから**編集→プラグイン**と進みます。その後表示されるプラグイン管理画面の検索欄でQuixel Bridgeと検索します。

表示されるBridgeのアイコン左側のチェックボックスにチェックを入れます。これで準備OKです。通常はデフォルトの状態で有効化されているはずです。

プラグインを有効にした後には再起動が必要です。

図 4-17 Quixel Bridgeの有効化

✅ MacOSでの追加作業

MacOSでは追加の作業が必要になります。

編集→プラグインを開いたのちに、検索欄で「Web Authentication Plugin」「Web Browser」を検索しチェックボックスにチェックを入れて有効化します。

STEP 3 サインイン

Quixel Bridge内でお気に入りに追加したり、ダウンロードしたり、自分のプロジェクトへインポートしたりするにはサインインしておく必要があります。

Quixel Bridgeウィンドウ右上のアカウントを開き、Epicアカウント等でサインインしましょう。

図 4-18 Quixel Bridge Epicアカウントのサインイン

STEP 4 サーフェス (Surfaces) マテリアルアセット

Quixel Bridgeを開くと画面左側にHome、Collections、MetaHumans、Localと並んでいます。Homeを開くと3D Assets、3D Plants、Surfacesのカテゴリが存在します。

まずは、ペイントモードで地形を塗り分けていくために使用するマテリアルを「Surfaces」から見つけましょう。

Surfacesの下には更にカテゴリ分けされています。Grass、Rock、Sandの3つは本書のメインとなるカテゴリです。一つ一つ開いてみましょう。まずはGrassを選択します。

Grassには青々とした草から枯草、クローバーなど特徴的な植物までさまざまな種類が用意されています。Grassの中にもさらにカテゴリ分けされており、詳細にフィルタリングすることができます。

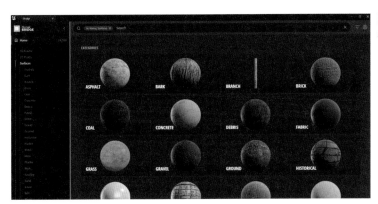

図 4-19 Quixel Bridge の Surfaces

図 4-20 Quixel Bridge の Grass

フィルタリングにはさまざまな方法があります。

ウィンドウ右上の■クリックするとフィルタ機能バーが上部に出現します。

例えば、色の系統ごとにSurfacesをフィルタリングして表示することも可能です。図4-21は Brawnでフィルタリングした結果です。茶色いマテリアルが抜粋されていることがわかります。

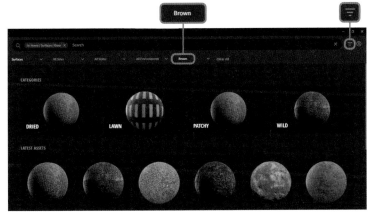

図 4-21 色によるフィルタリング例

🔖 アセットの検索

アセットをキーワード検索したり、色でフィルタを掛けたりすることで素早く望むアセットに たどり着きましょう。

　ここでは最終決定をする必要はありません。どんなものが用意されているのか予め広く見ておくことで選択肢を広げておくことが目的です。楽しみながら想像を膨らませましょう。

　この時点で気に入ったアセットはハートマークをクリックしてお気に入り登録しておきましょう。

　Quixel Bridge左側の「Home」の並びにある「Favorites」に格納され、後に使用する際に見つけやすくなります。

🔖 アセットのお気に入り

　気になるものはお気に入りしておくようにしましょう。再び探し出すのは一苦労です。

STEP 5 　3Dアセット

　次は3Dアセット（3D Assets）を確認しましょう。精巧なメッシュモデルにテクスチャが貼られた非常にハイクオリティなモデルが1万4千種類以上用意されています。

　まずは3Dアセット全体を軽く眺め回りましょう。風景をつくる中で、家はあるのか、文明はどの程度栄えているのか、線路や道路はあるか、どのような雰囲気の作品をつくるかのインスピレーションが3Dアセットから得られるかもしれません。

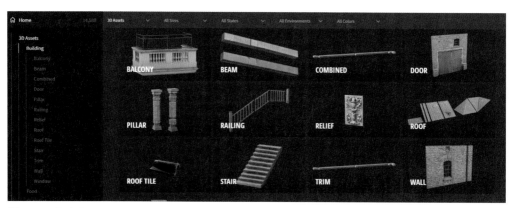

図 4-22 Building

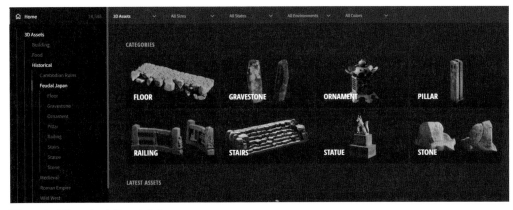

図 4-23 Historical-Feudal Japan

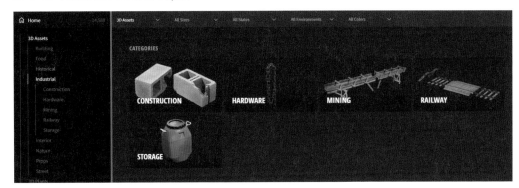

図 4-24 Industrial

　個人的にはSnowカテゴリに注目しました。雪や氷の演出をつくってみるのも非常に楽しめそうです。

　気に入ったものはお気に入り登録しておきましょう。

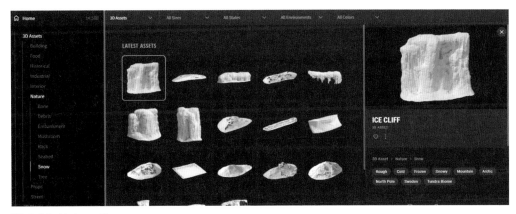

図 4-25 Nature-Snow

STEP 6 3Dプラント（3D Plants）

サーフェスマテリアルや3Dアセット同様に気になったものにはお気に入りをしておきます。

雑草から花、庭の低木まで幅広く揃っています。サボテンもありますので、砂漠の風景にもチャレンジしてみたいですね。

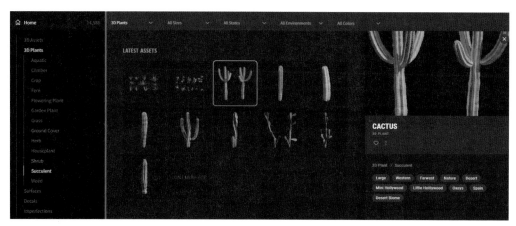

図 4-26 3D Plants-Succulent

風景制作の作業に入る前にQuixel Bridgeの旅をたっぷりと味わいましょう。作品のゴールをより具体的にイメージできれば各工程の精度も上がっていきます。本書で制作する風景に留まらず、あなたが心躍るメッシュモデルやマテリアルを使用して、あなただけの世界をつくりましょう。

CHAPTER 5

基礎固め！ 地形作りの
ツールを使いこなそう

Unreal Engine のランドスケープツールを使い、自分だ
けの美しい風景を作り出す方法を学びます。プロジェク
トの作成や管理モードでのメッシュ作成、スカルプトや
傾斜ツール、浸食、リトポロジーなどの各種ツールの使
い方について詳しく解説します。この章は、ランドスケー
プ制作に挑戦したい人にとって必須の知識を学ぶ貴重な
章です。

5-1 ランドスケープを準備しよう

5-1-1 プロジェクトの作成と準備

ここから新たにプロジェクトを作成し、実際にランドスケープ機能に触れていきます。最初に行う地形づくり、スカルプト作業の基礎を身につけましょう。

STEP 1 新規プロジェクトの作成

エンジンボタンの「起動」をクリックして新たに練習用のプロジェクトを作成します。

図 5-1 エンジンの起動

STEP 2 新規プロジェクトの開始

プロジェクトブラウザが立ち上がったら**ゲーム→サードパーソン**。

プロジェクトデフォルトは**ブループリント、ターゲットプラットフォーム**にDesktop、**品質プリセット Maximum、スターターコンテンツ有効、レイトレーシング無効**とします。

プロジェクトの場所で保存先を決定し、任意のプロジェクト名を決めます。本書では「LandScapeSculpt」としました。

作成ボタンを選択して新規プロジェクトを立ち上げます。

図 5-2 プロジェクトブラウザ

STEP 3 アイテムの整理

Blankプロジェクトでは必要最小限のモデルのみが存在します。アウトライナーから「StaticMeshes」を探し、中にあるアイテムを Delete で削除します。

Shift を使って範囲選択すると素早く行うことができます。

TextRender Actor も忘れず削除しましょう。

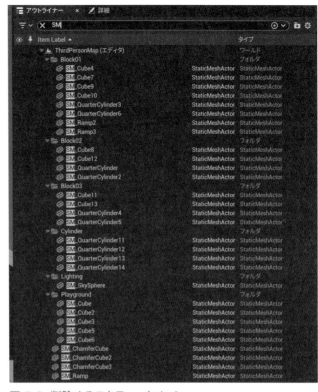

図 5-3 削除するスタティックメッシュ

図 5-4 TextRender Actor

削除前のビュー

削除後のビュー

図 5-5 削除前後での変化

STEP 4 カメラスピードの調整

ランドスケープでは大規模なメッシュの管理・編集を行います。通常のカメラの移動スピードでは広大な世界を移動するのに時間が掛かり過ぎ、作業が非効率になってしまいます。ビューポート右上部のカメラボタンをクリックし、カメラ速度を8に変更しましょう。

図 5-6 カメラスピードの変更

マウス操作による視点（カメラ）の移動速度が上がります。さらに速度を上げたい場合はカメラスピードスカラーを大きく設定しましょう。

STEP 5 視点操作の再確認

ランドスケープ中の視点操作を確認しておきましょう。

これで下準備は完了です。
早速地形づくりの基礎固めに進みましょう。

表5-1 視点操作一覧

ビューの動き	マウス・キーボード操作
上下左右（平行移動）	中ドラッグ
上下左右（首振り）	右ドラッグ
前進後退	左+中ドラッグ
ズームイン＆アウト	マウスホイールの回転
前へ/左へ/右へ/後ろへ	マウスクリック+ W A S D

5-1-2 管理モード　メッシュの新規作成ツール

通常ビューポートの操作モードは「選択モード」が選ばれています。これまで行ってきたように、アイテムを選択したり、位置や傾きを編集したりできるモードです。

ビューポート上部のドロップダウンを開き中からランドスケープを選択しましょう。

図 5-7　ランドスケープモードへの切り替え

ランドスケープモードは、管理、スカルプト、ペイントの3つのモードが含まれています。まずは管理モードによる地形メッシュの生成や編集について学びましょう。

管理モードにはさまざまな操作がありますが、最初は新規ボタンのみが選択可能です。新しいランドスケープ欄で詳細設定を行い、最下部の「作成」ボタンで地形となる大規模なメッシュが生成しますが、メッシュの生成前に設定項目を一つ一つ確認していきましょう。

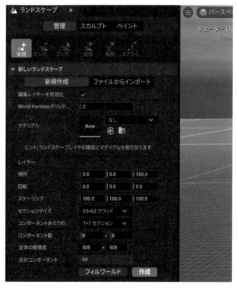

図 5-8　ランドスケープの管理モード

● 編集レイヤーを有効化

メッシュを生成した後のスカルプト工程では、メッシュを変形させることができます。

レイヤー機能を使用すると各レイヤーで作業した結果をそれぞれのレイヤーに保存し、後から任意の割合で混ぜる（ブレンドする）ことが可能です。

「編集レイヤーを有効化」にチェックを入れて作成ボタンを押すと、Edit Layers欄にレイヤーが表示されます。

図 5-9　編集レイヤーを有効化

図 5-10　Edit Layers

Edit Layersのレイヤー一覧の上で右クリックし新規レイヤーの作成、名前の変更、クリア（削除）が行えます。

図 5-11　レイヤーの新規作成

例として2つのレイヤーを作成し作業してみましょう。右クリックから新規にレイヤーを追加すると、デフォルトで「Layer2」という名前の新規レイヤーが作成されます。

図 5-12　2つのレイヤー

メッシュを編集した結果は選択中のレイヤーに保存されることに注意して、初期レイヤー「Layer1」と追加したレイヤー「Layer2」それぞれにスカルプト作業をしてみましょう。

最初にメッシュの作成ボタンを押した時点で、ツールメニューが自動で管理からスカルプトへ移行しているはずです。表示されているさまざまなツールアイコンの内、シャベルで描かれたスカルプトツールを選んで作業します。

図 5-13　スカルプトモードのスカルプトツール

CHAPTER

5

基礎固め！　地形作りのツールを使いこなそう

ここでの作業はテストですので気軽に操作してください。
まず、Edit Layers欄で「Layer1」を選択します。

図 5-14　編集レイヤーの選択

ビューポートでメッシュをクリックする
と地面が隆起し、 Shift ＋左クリックで
沈降します。

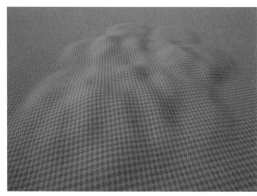

図 5-15　Layer1の編集例

はじめてのメッシュ編集ですね。ワクワ
クすると思います。続けましょう。適度に
隆起させたら、「Layer2」に切り替えます。

図 5-16　レイヤーの切り替え

改めてビューポートでメッシュの編集を
行いましょう。Layer1と違いがあると好
ましいです。

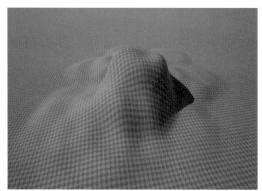

図 5-17　Layer2の編集例

作業完了時点では、2つのレイヤーのア
ルファ値は1.0ですので、1:1で混ぜ合わ
せた結果が表示されているはずです。
　では、Layer1のアルファを0.0に書き換
えてみましょう。最初に編集した結果が消
え、Layer2の編集結果のみが残ります。

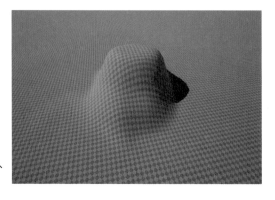

図 5-18　Layer1のアルファ0.0、
　　　　 Layer2のアルファ1.0

Layer2のアルファを0.0に変更して
Layer1のアルファを1.0に戻せば最初の
編集結果のみ表示されるはずです。

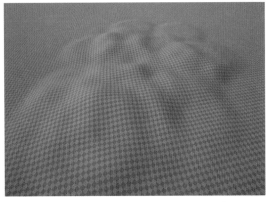

図5-19 Layer1のアルファ1.0、layer2のアルファ0.0

アルファの値は、最終結果に対してそ
のレイヤーがどの程度影響するかを示し
ており、0.0や1.0だけでなく中間の値
にも設定することができます。また、ア
ルファ値の合計値を気にする必要はあり
ません。

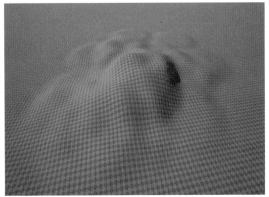

図5-21 Layer1のアルファ0.9、Layer2のアルファ0.5

図5-20 アルファ値の中間設定

さらに、レイヤー機能には非常に便利
な活用方法があります。
アルファにはマイナスの値を設定する
ことが可能で、レイヤー内で隆起させた
箇所を、逆に沈降させてブレンドするこ
とも可能です。

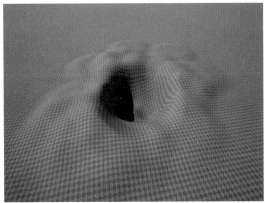

図5-23 Layer1のアルファ1.0、Layer2のアルファ-1.0

図5-22 アルファのマイナス値設定

 レイヤーのアルファ値の範囲

レイヤーのアルファはマイナスの値を設定できます。

CHAPTER

5

基礎固め！地形作りのツールを使いこなそう

レイヤー編集時にはロック機能や表示/非表示機能も合わせて活用しましょう。錠マークでロックされたレイヤーは編集されず保護されます。

眼のマークでレイヤーの表示/非表示を切り替えることで、各レイヤーのアルファを変更することなく単一のレイヤーを確認しることができます。

図 5-24　レイヤーのロック(左) と表示/非表示管理(右)

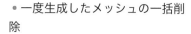 レイヤー機能による地形の混ぜ合わせ

ランドスケープメッシュのレイヤー機能(アルファ)を駆使して複数の地形パターンを組み合わせましょう。

● 一度生成したメッシュの一括削除

本書ではランドスケープの編集レイヤーは使用しません。そこで、ここまでに編集したメッシュの削除方法について触れておきましょう。方法は2通りあります。

1つ目はアウトライナーからLandscapeを直接削除する方法です。アイテムごと消えるため、削除後は選択モードに自動で移行しますので、改めてランドスケープモードに切り替える必要があります。

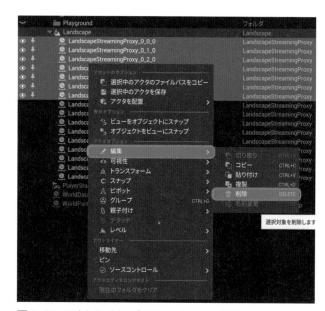

図 5-25　アウトライナー上のLandscape削除

2つ目は、ランドスケープの管理モードに切り替え、新規ツールにいる状態でビューポートで[Delete]で削除する方法です。市松模様のメッシュのみ削除され、引き続きランドスケープモードで作業することが可能です。

図 5-26　管理モードの新規ツール

以降は、管理モードの設定について解説を進めますので、レイヤーを活用したメッシュデータは上記の方法で削除しましょう。

● ファイルからインポート

メッシュの変形はハイトマップ（HeightMap）を取り込むことでもつくることができます。

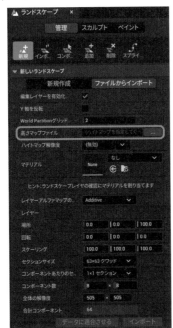

図 5-27　ファイルからインポート

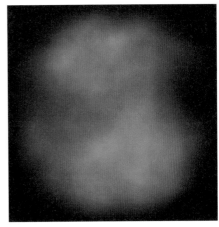

図 5-28　Blenderで作成されたハイトマップ

ハイトマップとは何なのか、例を示しましょう。図5-28は無料の3DCG統合ツールBlenderで作成されたハイトマップです。

ハイトマップは白黒の画像で、白色は数値で1.0、黒色は0.0を意味します。中間値は灰色ということになります。この白黒画像の持つ値を高さ情報と見なしてしようすることから、この画像を一般にハイトマップと呼びます。

ハイトマップは直接白黒の画像を描写してもいいですが、3DCGツールを活用して素早く作成することも可能です。例として示したハイトマップは下図のような3次元メッシュを真上から撮影したものです。

メッシュに対して、低いところを黒色、高いところを白色となるようにするとこのように見た目が変わります。

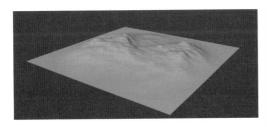

図 5-29　ハイトマップ用3次元メッシュ@Blender

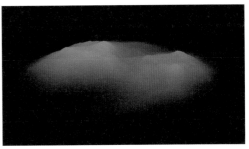

図 5-30　メッシュの白黒色付け

3Dモデルが持っている高さ方向の情報を、他ソフトウェアで取り込めるハイトマップという形にできるよう、白黒で表現しているわけです。この3Dメッシュを真上から撮影することで最初にお見せしたハイトマップが簡単に作成できます。

その後Unreal Engineに戻り、ランドスケープの管理で「ファイルからインポート」を選択した後、「高さマップファイル」にハイトマップを割り当てるとメッシュが白黒画像に合わせて変形します。

メッシュの変形結果はハイトマップの解像度に大きく依存します。解像度が低い場合、細部の凹凸が消失することに注意しましょう。

• 新規作成ツールの設定

改めて一から地形メッシュの生成を行います。各種設定を確認しましょう。

マテリアル：

初めからマテリアルを割り当てることができます。本書では以降の章でより高度なランドスケープマテリアルを作成しますので設定は不要です。

場所＆回転＆スケーリング：

メッシュのトランスフォームが可能です。初めて生成するメッシュは自身が基準となるため、回転したり高さ方向や位置を変えたりする必要がありません。既にメッシュが存在する場合に位置合わせ等に使用します。

コンポーネント：

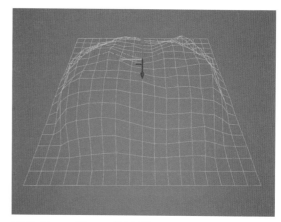

図 5-31 ハイトマップ適用後のメッシュ

🔧 地形生成用画像の解像度

ランドスケープメッシュは非常に大きいため高解像度の画像が必要です。1辺が2のN乗ピクセルの正方形の画像を用意します。

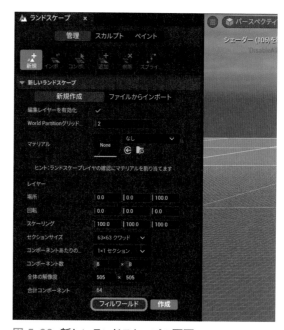

図 5-32 新しいランドスケープの画面

ランドスケープを扱うにあたり、コンポーネント、セクション、クワッドについて理解することは、制作する世界の美しさとパフォーマンス（処理負荷）のバランスを考える上で非常に

重要です。

　ランドスケープメッシュはコンポーネントと呼ばれる区画に分解されます。エディタ上では最も明るい緑色で示された正方形の区画です。制作したものの描写（レンダリング）、可視性、衝突判定（コリジョン）を管理する基本単位です。

　デフォルトの状態でランドスケープは8×8のコンポーネントで構成されています。図5-33はコンポーネント数を3×3へ変更した場合です。

コンポーネントあたりのセクション数：

　コンポーネントにはサブセクションを設けることができ、1×1または2×2を選択可能です。

　サブセクションはLOD計算の基本単位で、1つ（1×1）から4つ（2×2）へ増やすことによりコンポーネントの解像度を引き上げることができます。つまり、メッシュの編集をより細かに行えるようになります。

セクションサイズ（クワッド数）：

　コンポーネントの中のサブセクションが持つマス目の細かさがセクションサイズです。エディタ上では深緑色で示された正方形の区です。

　この正方形の区画をクワッドと呼び、クワッド数が多いほどコンポーネントサイズは大きくなり大規模なメッシュを生成することができます。

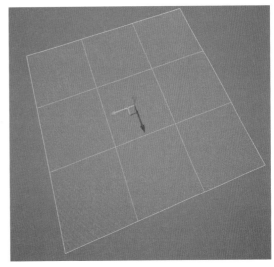

図 5-33　3×3のコンポーネント

図 5-34　サブセクション数

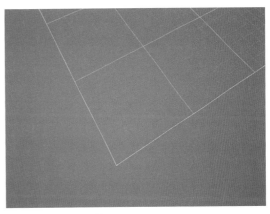

図 5-35　クワッド数 7×7

全体の解像度：

　コンポーネント数、サブセクション数、クワッド数により全体の解像度が決定します。

　一般に推奨されるコンポーネント数、サブセクション数、クワッド数は数を参考にしましょう。

表5-2　ランドスケープ推奨サイズ

全体のサイズ (頂点数)	クワッド / セクション	セクションシーン / コンポーネント	ランドスケープコン ポーネントのサイズ	ランドスケープコン ポーネントの総数
8129 × 8129	127	4 (2 × 2)	254 × 254	1024 (32 × 32)
4033 × 4033	63	4 (2 × 2)	126 × 126	1024 (32 × 32)
2017 × 2017	63	4 (2 × 2)	126 × 126	256 (16 × 16)
1009 × 1009	63	4 (2 × 2)	126 × 126	64 (8 × 8)
1009 × 1009	63	1	63 × 63	256 (16 × 16)
505 × 505	63	4 (2 × 2)	126 × 126	16 (4 × 4)
505 × 505	63	1	63 × 63	64 (8 × 8)
253 × 253	63	4 (2 × 2)	126 × 126	4 (2 × 2)
253 × 253	63	1	63 × 63	16 (4 × 4)
127 × 127	63	4 (2 × 2)	126 × 126	1
127 × 127	63	1	63 × 63	4 (2 × 2)

フィルワールド：

「フィルワールド」をクリックしてランドスケープの最大化が行えます。

● ランドスケープのパフォーマンス

　コンポーネントのセクションサイズが小さい（クワッド数が多い）ほど、LODモデルの遷移が素早くなります。

　LODとは、遠くのものは粗いモデル、近くのモノは精細なモデルといったように、メッシュモデルの品質をコントロールして処理負荷を抑えつつプレイヤーの体験性を保ってくれるものです。LODモデルの切り替えが早くなる一方で、同じ大きさのエリアを表現するためのコンポーネント数は増えるためパフォーマンスは低下してしまいます。解像度と引き換えにコンポーネントの数は処理負荷を上げてしまいますので、なるべく少なくできるよう努めましょう。

● スカルプト練習用ランドスケープメッシュの生成

　ランドスケープメッシュの生成を行います。すべてデフォルトの設定に戻して進みますが、お使いのPCスペックによっては動作が重くなる可能性があります。

　コンポーネント数を8×8ではなく、4×4など引き下げて生成しても構いません。練習自体は2×2でも十分行えます。作成ボタンを押してメッシュを生成しましょう。

　管理モードには新規作成ツールの他にもツールが備わっていますが、ここでは最も重要なスカルプトモードの解説に進みます。管理モードのその他ツールは本書の終盤で活用しますので、使用する際に確認していきましょう。

5-2 各種ツールを使いこなそう

5-2-1 スカルプト

ここからスカルプトモードの解説に移ります。

管理モードでメッシュを生成した後、管理の右隣のスカルプトモードへ切り替えましょう。メッシュの生成を行うと自動でスカルプトモードのスカルプトツールに切り替わっているはずです。

図 5-36 ランドスケープのスカルプトモード

スカルプトモードの一番左上にあるスカルプトツール（スコップのアイコン）は最も基本的な編集ツールです。

左クリックでメッシュを隆起させ、[Shift] ＋左クリックで沈降させます。操作を巻き戻したい場合は [Ctrl] ＋ [Z]、逆に戻した操作をもう一度やり直したい場合は [Ctrl] ＋ [Y] で行うことができます。

スカルプトツールでつくる地形はいくつかのパラメータで管理されています。他のツールにも共通する重要なものが多いので、ひとつずつ確認していきましょう。

スカルプトの基本操作キー

左クリック	隆起
[Shift] ＋左クリック	沈降
[Ctrl] ＋ [Z]	操作の巻き戻し
[Ctrl] ＋ [Y]	操作のやり直し

● ランドスケープエディタ - ブラシの種類

まずはブラシの種類を見ていきましょう。左側から単純円形ブラシ、アルファブラシ、パターンブラシ、コンポーネント単位の編集の4つのタイプがあります。

地形メッシュの上で実際に試しながら各ブラシの効果を確かめましょう。

作業を進めるとあちこちに隆起ができますが、気にせずに広大な地形の中でスカルプト作業を進めていきましょう。

図 5-37 ブラシ選択画面

● 単純円形ブラシ

本書では基本的に円形ブラシを使用します。シンプルな円の内側にあるメッシュにスカルプト機能で編集を行います。

実際どのようにメッシュが変形するかは後述のツールの強さ、ブラシのサイズ、フォールオフの大きさによって決まります。

図 5-38 単純円形ブラシ

● アルファブラシ

テクスチャ（2D画像）を用いてメッシュの編集を行います。

テクスチャを用いたメッシュの編集は管理モードで解説したハイトマップと考え方が似ています。

デフォルトではブラシ設定のテクスチャに「DefaultAlphaTexture」が選択されています。このまま左クリックでメッシュの変形を行ってみましょう。

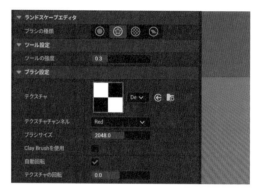
図 5-39 アルファブラシの設定欄

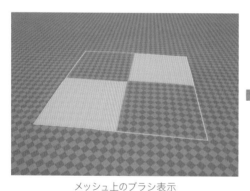
メッシュ上のブラシ表示

スカルプト後の結果

図 5-40 アルファブラシの効果

用意した白黒画像のうち、白色は数値で1、黒色は数値で0を意味しており、その値をメッシュへの影響力と見なします。自動回転にチェックが入っている場合、マウスの動きに合わせてブラシの向きがくるくると回転します。

「テクスチャの回転」によって向きを調整することもできます。「テクスチャチャンネル」はRGBの各チャンネルに保存されたテクスチャ情報のうちどれを使用するかを選択します。

ここは混乱しやすく、理解が難しいでしょう。

RGBとは赤緑青のことなのですが、ここでは色として意味はありません。"red（赤）"と名付けられた情報を保存できるチャンネルがあり、そのチャンネルに含まれる「凹か凸か」の情報

だけを使ってスカルプトをしていると理解しておきましょう。

詳しくは、**7-2**で解説しますので安心してください。

アルファブラシは特に、テクスチャの方が表現しやすい幾何学模様や、微細かつユニークな凹凸形状をつくるのに適しています。ブラシ設定のテクスチャ、ドロップダウンを開き、任意のテクスチャに切り替えてみましょう。

例として「T_CobbleStone_Pebble_D」を選択します。

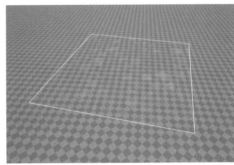

図 5-42　アルファブラシ

図 5-41　テクスチャの切り替え
（T_CobbleStone_Pebble_D）

左クリック＆ドラッグでメッシュの変形をするとテクスチャの白く表示された部分が隆起します。これまでと同様に [Shift] を加えれば沈降します。

アルファブラシのメッシュ編集　（隆起）

アルファブラシのメッシュ編集　（沈降）

図 5-43　アルファブラシの効果

アルファブラシの特徴を理解するにはドローする（描く）とわかりやすいです。

テクスチャを「T_Dust_Particle_D」に切り替えます。もしこのテクスチャがあなたのエディタから見つからない場合は、代わりにテクスチャの模様がはっきりとしており、ひし形や星形のように島状に孤立した絵柄を選んでください。

図 5-44 T_Dust_Particle_D

左ドラッグしながらメッシュの上を描いてみましょう。直線だけでなくカーブを描いてみるといいでしょう。ツールの強さは適宜調整して、確認しやすい丁度よい大きさの凹凸をつくり出します。公式ドキュメント（https://docs.unrealengine.com/5.0/ja/landscape-brushes-in-unreal-engine/）には一例として星形のテクスチャを使用した例が記載されています。

図 5-45 アルファブラシを使用し、左ドラッグで描く

図 5-46 アルファブラシのドロー例（公式ドキュメント）

テクスチャを使用したメッシュの編集はパターンブラシと混同されやすいですが、パターンブラシとは異なり、マウスで描く軌跡（ストローク）に応じてテクスチャの向きが回転する特徴があります。

さらにマウスの移動と共にブラシ上のテクスチャが一緒に移動することも特徴です。まさに星形のペンを持って凹凸を描いているイメージですね。

単純に細かな凹凸をつくりたい場合には、スカルプトモードのノイズツールを使う方法もあります。詳しくは後のノイズツールで解説しましょう。

🖊 アルファブラシの特徴

アルファブラシのテクスチャはマウスの移動と一緒に移動します。テクスチャの白黒などの色情報で凹凸をつくり出します。

● パターンブラシ

パターンブラシに切り替え再びテクスチャをT_CobbleStone_Pebble_Dを選択しましょう。

図 5-47　パターンブラシ

アルファブラシとの違いを意識しながら確認していきます。メッシュの上でマウスを動かすと、それぞれの場所でテクスチャが示す模様が変わるのがわかります。

図 5-48　場所ごとのテクスチャの違い

どこでメッシュの編集を行ってもテクスチャの模様が変化しなかったアルファブラシとは異なります。テクスチャはブラシの位置とは別で決められており、ブラシ設定で調整することができます。

🖊 パターンブラシの特徴

パターンブラシではテクスチャはマウス位置によって移動しません。

　各設定項目を調整することでテクスチャの大きさ・向き・位置を決め、左ドラッグで描いた部分だけ凹凸をつくります。

　スケーリングは模様の大きさ、パンU・パンVは縦横それぞれの位置です。

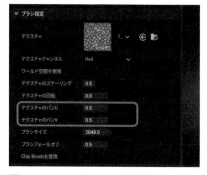

図 5-49　テクスチャの設定項目

● ワールド空間を使用

　テクスチャの定義をワールド空間で行います。繰り返しサイズの値を変えることによりスケーリングと同じ調整が可能です。

　ただし、自然の凹凸をつくるための繰り返し性の高いテクスチャ（リピート柄）を使用する場合にはあまり意味をなしません。またテクスチャ位置の調整がしづらいため使用はおすすめしません。

　以降はワールド空間をオフに戻して進みましょう。

図 5-50　ワールド空間を使用

● テクスチャのスケーリング

　メッシュ状に白色で表示される模様のサイズが変わります。例えばスケーリング値0.05は0.005に対し10倍のサイズになりますので0.005はより細かな凹凸をつくります。

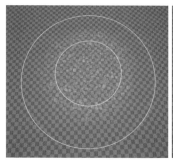
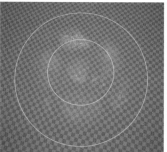
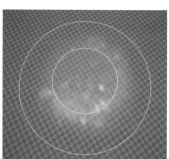

テクスチャのスケーリング0.005　　テクスチャのスケーリング0.05　　テクスチャのスケーリング0.65

図 5-51　テクスチャのスケーリングの違い

　少しメッシュから遠のいてスケーリング0.05で描けば下図のような微細な凹凸を描くことができます。

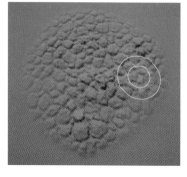

図 5-52　パターンブラシの実施例
（スケーリング値0.05）

● Clay Brush を使用

ブラシ設定の**ClayBrush を使用**の効果をここで確認しておきましょう。公式ドキュメントには「有機的、付加的なアプローチでランドスケープのスカルプ処理ができます。」とありますが、意味を正確に読み取ることが難しいでしょう。

Clay Brush で起こることはシンプルで、凹凸の強弱が弱まり、まるで壁に粘度を潰しながら擦り付けたかのような見た目をつくり出します。Clay Brush を使用のオンオフで実際に作業してみてください。その違いを感じられるはずです。

実際のところ Clay Brush はテクスチャの模様を無効化しているに等しいため、ほとんどの使用することはありません。

図 5-53 Clay Brush を使用

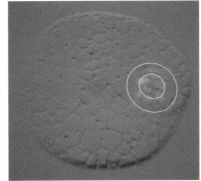

図 5-54 Clay Brush を使用 (実施例：スケーリング値 0.05)

● コンポーネント単位の編集

コンポーネント1つに対して一律の効果をもたらします。特定のエリアの底上げをしたい場合などに使用できそうですが、実際の制作シーンではあまり使われることはありません。

図 5-55 コンポーネントの隆起

● ランドスケープエディタ - ブラシフォールオフ

フォールオフとは減衰を意味します。ブラシを使って地形の編集を行う際、マウスカーソルの位置する中心から外に向かってスカルプトの影響が弱まります。その弱まり方がフォールオフ、減衰です。

減衰のタイプにはスムーズ (Smooth)、リニア (Linear)、球 (Sphere)、チップ (Tip) の4種類があります。つくりたい地形によってどのタイプも活用する機会がありますので違いを確認しましょう。

スムーズ：

　最も基本的な減衰タイプです。山麓（山のすそ）と頂上付近で緩やかにカーブしながら減衰します。

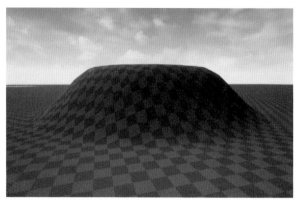

図 5-56　フォールオフ　スムーズ

リニア：

　スムーズに形状が近いですが、山麓から頂上まで直線的に減衰し、一定の傾斜をもつ山の斜面をつくることができます。

図 5-57　フォールオフ　リニア

球：

　下図の通り球状に減衰し、山麓では急な斜面、頂上付近ではなだらかな斜面をつくります。

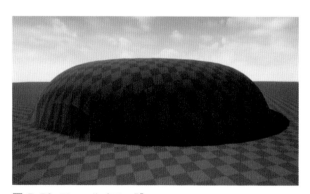

図 5-58　フォールオフ　球

チップ：

　球とは逆に、山麓はなだらかに、頂上付近では急な斜面をつくります。

図 5-59　フォールオフ　チップ

• ツールの強度

　ツールの強度はスカルプト編集の影響度を決める重要なパラメータです。

　どの編集ツールにもツールの強度が備わっていますが、ツールによって強さの現れ方（変化の感じ方）が異なります。適宜調整しましょう。

　基本的な作用フローでは、大きな値で地形の概形をつくり、小さな値で細部をつくり込んでいきます。

図 5-60　ツール強度による変形の違い

• ブラシ設定 - ブラシサイズ

　ツールの強度と並んで重要なパラメータです。スカルプト編集の影響の範囲を決定します。編集範囲は円形で、ビューポート上では白い円で表示されます。

　地形の概形をつくる際には大きく、細部のつくり込みでは小さくして作業することが多いでしょう。

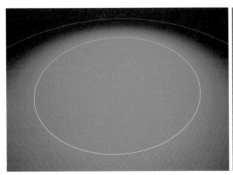

図 5-61　ブラシサイズ

• ブラシ設定 - ブラシフォールオフ

スカルプト編集の影響力の減衰量を決定します。大きい値であるほど減衰が大きくなり、中心から離れていくほどメッシュが編集されなくなっていきます。

ビューポート上では円の中に白い塗りつぶしで表示されます。減衰量に応じて白色の塗りつぶしが円周に向かって薄まって（透過されて）いきます。

自然な地形をつくる場合、複数の編集結果が互いに馴染むよう、フォールオフを大きい値にすることが多いでしょう。なお、減衰の仕方は前述のフォールオフのタイプで決まっています。

ツールの強度、ブラシサイズ、そしてこのフォールオフの3つを適宜微調整することで微細な地形もつくっていくことができます。

 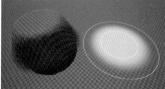 

フォールオフ1.0 （減衰が最も大きい）　フォールオフ0.5 （中間）　フォールオフ0.0 （減衰しない）

図 5-62　フォールオフの減衰量による違い

🔧 減衰を活用しよう

減衰の量とモードを変えて、隣り合うメッシュの編集結果がお互いに馴染ませることで、自然な仕上がりになります。

• 変更した値のリセット

ここまでに解説した設定値を元の値に戻すには、入力欄の右端に表示された⤺をクリックしましょう。

5-2-2 消去

スカルプトツール等でつくったメッシュの凹凸は消去ツールを使用して素早く削除することができます。後述の平坦化ツールを使用して実質的に地面を初期高さに統一する方法もありますのであわせて押さえておきましょう。

図 5-63　消去ツール

　消去ツールは、ランドスケープのスカルプトモードにおける基本的な3つのパラメータ（ツールの強さ、ブラシサイズ、フォールオフ）で管理します。

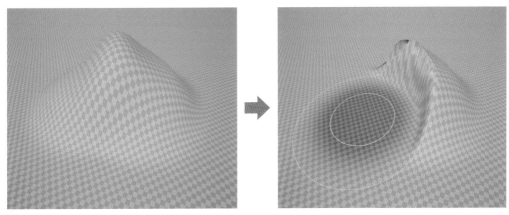

図 5-64　消去ツールによる地形の変化

5-2-3 スムーズ

　スカルプトツールのひとつ右隣のスムーズツールに切り替えましょう。

　スムーズは極端な凹凸をなくして滑らかにします。ただし、ツールの強さが大きい場合は、例えば山の高さが大幅に低くなるなど、「土地が削れる」イメージに近くなることに注意しましょう。

　実際の制作シーンでは、スムーズによって山が削れることを想定して、あらかじめ極端な凹凸を用意しておくことが多いです。ここではスムーズの効果によってどの程度山の高さに影響するのかの感覚を掴んでおくことをおすすめします。スカルプトツールで極端に尖った山を作り、スムーズで整えてみてください。

図 5-65　スムーズツール

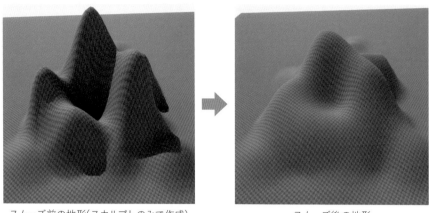

スムーズ前の地形(スカルプトのみで作成) スムーズ後の地形

図 5-66 スムーズによる地形の変化

● フィルタのカーネル半径

　スムーズによって滑らかにする形状の細かさを変更します。フィルタのカーネル半径の値が小さいともともとの細かな凹凸形状を保持します。一方、値が大きい場合は細かな凹凸は残らず滑らかな形状となります。

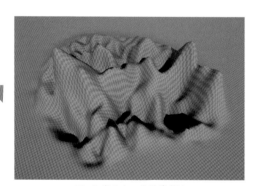

フィルタのカーネル半径1

スムーズ前(ノイズツールで凹凸を作成)

フィルタのカーネル半径7

図 5-67 カーネル半径の値による変化の違い

5-2-4 平坦化

　ここまでにスカルプトツールを用いてメッシュを変形してきました。一度、ここまでの編集を綺麗さっぱりなくして平らに戻してみましょう。

　平坦化ツールを選択します。ツールの強さ、ブラシのサイズ、フォールオフなど適宜調整してください。効果がはっきりわかるようにツールの強度は**1.0**がおすすめです。

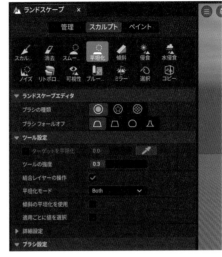

図 5-68　平坦化ツール

● 平坦化の基本操作

　メッシュの凹凸が無い平坦な場所を開始点として左ドラッグします。このドラッグの始点が重要です。マウスを動かすと最初にドラッグした始点の高さに揃うように平坦化が行われます。

図 5-69　平坦化ツールで山を削る様子

● 平坦化モード

　平坦化には主要な3つのモードがあります。モードは全部で5つ存在しますが3つのモードを使いこなせば十分です。

　図5-70のような山と谷を持つ地形を用意して各モードの効果を比較しましょう。

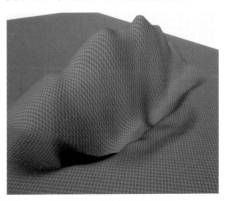

図 5-70　平坦化前の山と谷の地形

Raise ：開始点の高さより低い部分を開始点と同じ高さに隆起させ平坦化します。より高い部分には影響しません。今回の例では、谷を埋めることはできますが、山を削ることはできません

Lower ：開始点の高さより高い部分を開始点と同じ高さに沈降させ平坦化します。より低い部分には影響しません。今回の例では、山を削ることはできますが、谷を埋めることはできません。

Both ：どんな高さであっても開始点の高さに合わせるように平坦化します。今回の例では、山を削ったり谷を埋めりすることができ、平坦な道をつくり出すことが可能です。

Raiseモードの平坦化　　　　Lowerモードの平坦化　　　　Bothモードの平坦化

図 5-71　モードによる平坦化の違い

　平坦化は人などの通り道などを表現する際によく使用します。例えばRaiseを使用して谷に平らな道をつくったり、Lowerを使用して山を切り拓いて道をつくったりすることができるわけです。

5-2-5 傾斜ツール

　傾斜ツールでは部分的な傾斜面から大規模な斜面までつくることができます。

図 5-72　傾斜ツール

● 傾斜の追加と修正

わかりやすいようにスカルプトツールで低い山と高い山を用意しました。この2つの山の間に傾斜ツールで坂道をつくってみましょう。

図 5-73 低い山と高い山の準備

傾きツールを選択後、傾斜の開始と終了の地点をメッシュ上でクリックし決定します。

まず始点を1度クリックするとギズモ（赤緑青の矢印）が表示されます。続けて傾斜の終点をクリックします。始点と同様にギズモが表示されます。

始点と終点が決まったら設定の「傾斜を追加」ボタンをクリックします。すると2つの点の高低差を埋めるように斜面が生成します。

 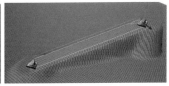

始点の選択後　　　　　　　終点の選択後　　　　　　　傾斜の生成

図 5-74 傾斜ツールの利用風景

始点と終点はギズモをドラッグして移動することで後からでも変更が可能です。改めて「傾斜を追加」をクリックすれば新たに傾斜が追加されます。

ギズモは「リセット」で選択を解除することができます。新たな始点終点を選び直す場合に使用しましょう。

始点・終点の修正　　　　　　　　　　新しい傾斜の追加

図 5-75 傾斜の追加

● 傾斜の幅と脇のフォールオフ変更

　傾斜幅で斜面の幅を調整します。また斜面の脇の形状をフォールオフで調整することが可能です。

　傾斜の始点と終点の間には白線の
実線と点線が表示されています。実
践の幅が傾斜の幅、実線から点線ま
でがフォールオフによって脇に斜面
をつくる幅です。

図 5-76　傾斜幅とフォールオフ幅

5-2-6 侵食

　侵食ツールは非常に重要なツールです。スカルプトツールと侵食ツールさえあれば風景制作ができるといっても過言ではありません。

　侵食ツールは主に風による大地の削れをつくるもので、山の斜面や岩肌を表現するのに適しています。削れることに注意が行きがちですが、削れた土砂は下方に積もります。高所のある範囲が削れ、下方の広い範囲に流れ出るイメージです。

　各パラメータを調整することにより、自然かつ細かなメッシュの編集ができますのでひとつひとつ解説していきましょう。

図 5-77　侵食ツール

● しきい値

　公式ドキュメントには「侵食エフェクトの適用に必要な最低限の高低差です。この値が小さいほど、適用される侵食エフェクトが増加します。」と記載されています。

　この説明は誤解を招きやすいため本書では言い換えて理解しましょう。

　侵食ツールでは侵食効果を適用したあとの傾斜を管理することができます。削った後の地形が緩やかな斜面なのか、急な斜面なのかを制御できるということです。しきい値とはその斜面の傾き（高低差）の最大値だと理解してください。

　例えば、しきい値が0ならば、傾きの最大値は0、つまり水平ということになります。しきい値が大きいほど生成する斜面は急であってもいいため、元の地形が急斜面であった場合はその傾斜が残ります。

💡 直接入力による数値の変更

入力欄をドラッグするとしきい値に入力できる値は一見128までのように感じますが直接数値を入力するとより大きい数字も設定することができます。

実際にしきい値の影響を確認してみましょう。

まず、スカルプトツールとスムーズツールで下図のような山を作ります。傾斜の違いが出るようにしましょう。今回は向かって左側が緩やかな斜面、右側が急な斜面の山です。緩やかな斜面は**スカルプトツール→スムーズツール**の順に利用すると綺麗につくることができます。

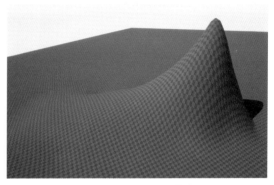

図 5-78　左右で傾斜の異なる山を作成する

次に侵食ツールに切り替えます。違いがわかりやすいように、ツール設定のしきい値を**128**にして斜面の傾斜による削れ方の差を見てみましょう。

ブラシサイズは山の幅に対して小さめにしておくといいです。スカルプトのブラシサイズ2048.0に対し、侵食のブラシサイズを1000.0に設定しました。

図 5-79　侵食ツールの設定（しきい値128、ブラシサイズ1000.0）

山の左、緩やかな傾斜側から山の頂上まで侵食を行います。緩やかな斜面に対してほぼ侵食効果が発揮されない一方で、山頂付近は大きく侵食していることがわかります。

これはしきい値を128に設定しているため、傾斜の急な（高低差のある）場所が受ける侵食効果が見えやすいためです。

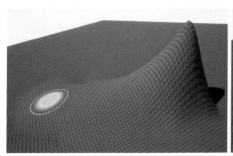
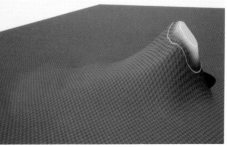

図 5-80　侵食による効果（なだらかな斜面から）

　一度 Ctrl + Z で操作を戻して侵食前の状態に戻します。今度は右側の急な斜面側から山頂まで侵食を行いましょう。

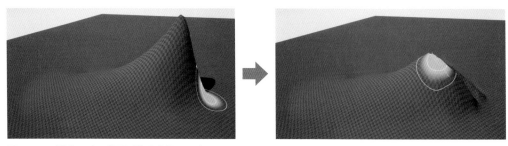

図 5-81　侵食による効果（急な斜面から）

　急な斜面では全体が大きく削れているのがわかります。さて、しきい値を0にした場合はどうでしょう。

　しきい値が0なので、どのような地形であっても、水平に変えてしまいます。後に解説する侵食のノイズモードがLowerであっても、しきい値0の場合は何度侵食を行っても水平から変化はありません。

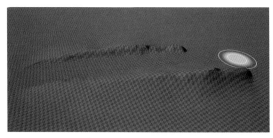

図 5-82　しきい値0の侵食結果

　理解を深めるためにしきい値250と25それぞれの結果も見ておきましょう。250は手入力することで設定可能です。

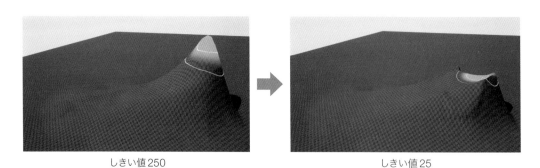

しきい値250　　　　　　　　　　　　　　　　　しきい値25

図 5-83　しきい値による効果の違い

　しきい値250では急な傾斜（大きな高低差）を許すため山頂が大きく削れず元の形を維持しています。一方しきい値25では侵食後の傾斜は必ず緩やかなものになります。

　この通り、しきい値の設定が侵食結果に大きく影響することが分かったのではないでしょうか。実際の地形編集シーンではこのしきい値は度々変更しますのでここで使い慣れておきましょう。

• サーフェスの厚さ

　公式ドキュメントには「レイヤーのウェイトの侵食エフェクトに使用するサーフェスの厚みです。」と説明されています。

　一般には、値が大きいほど侵食の効果が大きくなると説明されています。しかし、正直なところ筆者の私もこの項目をさまざまな角度から検証してきましたが、この項目が何に影響を及ぼしているのか正確に突き止めることはできませんでした。

　この項目を使用せずとも地形の編集は十分に行うことができますので、デフォルト値のままでいいでしょう。

• イテレーション

　イテレーション（イタレーション）は効果の繰り返し処理です。一回のマウスクリックに対して侵食の効果を適用する回数を意味しており、値が大きいほど侵食効果は大きくなります。

　適当な山をスカルプトツールで作った後、侵食ツールに切り替えて山頂を1回だけクリックします。イテレーションが1の時はほとんど侵食効果を確認できません。一方でイテレーション150では、山頂の侵食量が多くなっていることがわかります。

　繰り返し処理により侵食量を増やしたい場合はイテレーション値を大きく設定して編集しましょう。

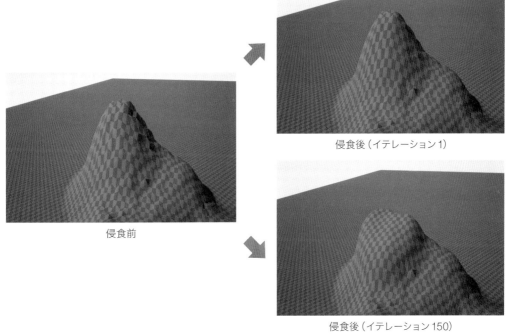

侵食前

侵食後（イテレーション1）

侵食後（イテレーション150）

図 5-84　イテレーションの値による変化の違い

● ノイズモード

　侵食効果によって生み出される地表の細かな凹凸はノイズ（テクスチャ）によって決められています。ノイズモードではBoth/Raise/Lowerの3モードを切り替えることで侵食による変形方向を制限することができます。

　デフォルトはLowerモードが選択されています。3つのモードの違いを確かめるために、図5-85の設定で凹凸のない平地に侵食を行ってみましょう。

図 5-85　ツール設定＆ブラシ設定

　Bothはクリック位置で隆起と沈降の両方が起こり凹凸を生み出します。

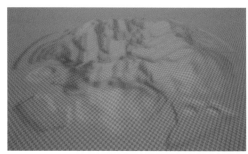

図 5-86　Bothモード

　Raiseは隆起のみ、Lowerは沈降のみです。

Raiseモード

Lowerモード

図 5-87　モードによる効果の違い

● ノイズスケール

　ノイズモードでも触れたように、侵食効果の細かな凹凸を決めているのはノイズと呼ぶパラメータです。このノイズとは図5-88に示すようなノイズテクスチャをイメージするといいでしょう。

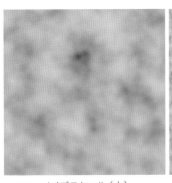 

図 5-88 ノイズスケールのイメージ
（ノイズテクスチャ@Blender）

ノイズスケール（大）　　　　　　ノイズスケール（小）

　侵食を行う際、内部にこのような白黒のノイズ柄をブラシが持っており、白は隆起、黒は沈降のように効果を割り振っています。
　ノイズのスケールとはこのノイズ柄の大きさのことを指しています。よって、ノイズスケールが小さいほど細かな凹凸をつくり出すことができます。

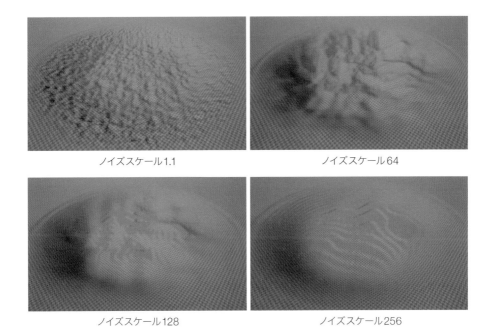

ノイズスケール1.1　　　　　　　　ノイズスケール64

ノイズスケール128　　　　　　　　ノイズスケール256

図 5-89　ノイズスケールの値による違い

✏ 侵食ツールの重要設定

　侵食ツールはしきい値、ノイズモード、ノイズスケールの調整が肝です。基本的な設定（ツールの強さ・フォールオフなど）と合わせて挙動を把握しましょう。

5-2-7 水侵食

水侵食ツールは侵食ツールと同様に地面を削る効果を持ちます。文字通り水による大地の削れをつくるものです。ノイズのようなテクスチャを用いて削れ方をコントロールする点など共通する部分が多いです。

水は低いところへ集まる性質があるため、削れ方は侵食とは異なり、特定の一部分を深く削ります。

水侵食の効果を確認するために適当な山と平地それぞれで作業していきます。

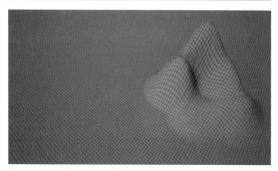

図 5-90　水侵食の確認準備　平地と山

• 雨量

水侵食の原因となる水の量が雨量です。雨量の値が大きいほど水侵食の効果は大きくなります。

水侵食では特定の一部が大きく削れて穴を形成することに注目しましょう。ただし、雨量が充分でないとこの穴は作られません。

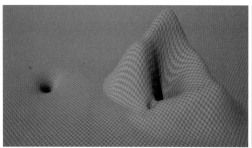
雨量256

雨量1

図 5-91　雨量の値による削れ方の違い

• 堆積物の上限

水（雨）によって流される土砂（堆積物）の量の上限を決めます。堆積物の上限の値が大きいほど、より多くの土砂が流れ出ることができるため水侵食効果は大きくなり、地面はたくさん削れます。

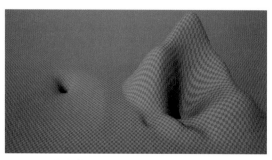

図 5-92　堆積物の上限1.0

雨量と堆積物の上限の使い分け

雨量も堆積物の上限も水侵食効果の大きさを決めていますが、削る側の量と削られる側の削れ
やすさそれぞれパラメータが用意されています。

水侵食は水（液体）の性質を反映して、凹んだ部分がさらに削られていきます。削られたところ
に水が流れ込みさらに削れるといったイメージです。

これは侵食ツールと水侵食ツールで大きく異なる点です。水侵食よってできる急峻な凹みを水
侵食穴と呼ぶことにしましょう。

雨量が大きい場合は、水侵食穴が大きくなります。堆積物の上限が大きくても雨量の値が小さ
ければ水侵食穴はできにくくなります（**図5-93上図**）。逆に雨量の値が大きく、堆積物の上限が小
さくても水侵食穴はつくられます。

雨量1、堆積物の上限1.0

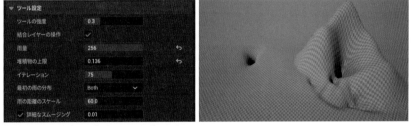

雨量256、堆積物の上限0.1

図 5-93 ツールの設定と雨量と堆積物の値による違い

これらのパラメータの役割は、実際の自然現象をイメージすればわかりやすくなるかもしれま
せん。

たくさんの雨が降っていて水が低い方へ流れ続ければ、1回の水の流れによって持ち出す土砂が
少なくても、水が溜まりながらどんどん地面を掘っていくのは納得です。逆に雨の量が少なければ、
そもそも削れる土砂は少ないので**堆積物の上限**に引っかかることはなく、ほとんど地面は削れな
いということです。

この似たような2つのパラメータの使い分けは難しいです。まずは雨量のみ変更して水侵食の
効果をコントロールしてあげましょう。

● 最初の雨の分布

BothとPositiveの2種類のモードが存在します。ここまでに見てきた画像はすべてBothモードによる水侵食結果でした。

Bothでは水侵食穴ができる場所がブラシの範囲内でランダムに発生します。Positiveではブラシが全体で水侵食穴が生成するようになります。

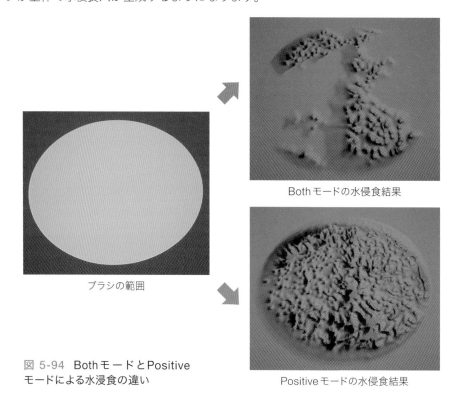

Bothモードの水侵食結果

Positiveモードの水侵食結果

図 5-94 BothモードとPositiveモードによる水浸食の違い

● 雨の距離のスケール

「雨の距離」とは侵食ツールにおけるノイズと同じ役割を持ちます。つまり雨の距離のスケールはノイズスケールに対応した振る舞いをします。ノイズスケール同様、水侵食の凹凸や水侵食穴の間隔を内部のテクスチャの模様の大きさで決めているイメージです。

実際に雨の距離のスケールを変化させたときの水侵食穴の生成の仕方の違いを比べてみま

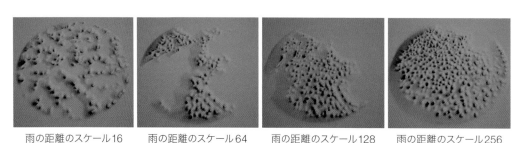

雨の距離のスケール16　　雨の距離のスケール64　　雨の距離のスケール128　　雨の距離のスケール256

図 5-95 雨の距離スケールによる水浸食穴の違い

しょう。ブラシサイズ8192, フォールオフ0.0での作業がわかりやすくておすすめです。

● 詳細なスムージング

詳細なスムージングは水侵食によってできる微細な凹凸をスムージングする機能です。スムージングは滑らかにする機能であるため、細かな形状を消す効果があります。

値が大きい場合、多くの凹凸をスムーズし消します。細かな凹凸を残したい場合には、値を小さくしておきましょう。効果を確かめるため、以下のように雨の距離のスケールを16、ブラシサイズ8192、フォールオフ0.0で平面の上に水侵食を施します。

ツール設定	
ツールの強度	0.3
結合レイヤーの操作	✓
雨量	128
堆積物の上限	0.3
イテレーション	75
最初の雨の分布	Both
雨の距離のスケール	16.0
詳細なスムージング	0.01
ブラシ設定	
ブラシサイズ	8192.0
ブラシフォールオフ	0.0

図 5-96　ツール設定&ブラシ設定

詳細なスムーズを有効にしない場合、水侵食穴の周辺には細かな凹凸が確認できます。次に詳細なスムーズオンの場合と比べるとよく分かるでしょう。詳細なスムーズを有効にすると、水侵食穴周辺の形状が滑らかになっているのがわかります。

詳細なスムーズの値を大きくするとより強いスムーズ効果が現れます。

このとおり、詳細なスムーズは設定によって顕著な差があり地形の雰囲気に大きく関わるため、水侵食の利用時には注意して設定しましょう。

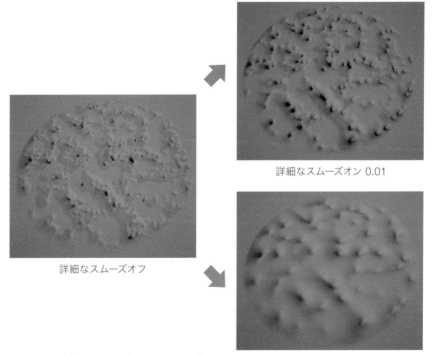

詳細なスムーズオン 0.01

詳細なスムーズオフ

詳細なスムーズオン 0.75

図 5-97　詳細なスムーズのオンオフの違い

水侵食の微調整

雨の距離のスケールと詳細なスムージングは水侵食による削れ方を大きく変えます。各設定を正確に理解して適宜調整しましょう。

5-2-8 ノイズ

ノイズツールはノイズテクスチャを使用して地形の隆起と沈降を同時に行うものです。侵食や水侵食のような地面を削るツールではなく直接的に凹凸をつくるためのツールです。侵食ツールに比べてよりダイナミックな凹凸をつくり出してくれるため非常に便利です。

編集結果は特にツールの強さ、ノイズノード、ノイズテクスチャのスケール（大きさ）に影響を受けます。

図 5-98 ノイズツール

● ノイズモード

ノイズモードにはBoth/Add/Subの3モードがあります。使い分けはこれまでのBoth/Raise/Lowerと同様です。

Bothはノイズによる隆起と沈降が同時に生じます。Addは隆起方向のみ、Subは沈降方向のみです。

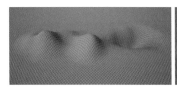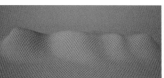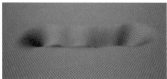

図 5-99 モードによる削れ方の違い（左：Both、中央：Add、右：Sub）

● ノイズスケール

これまで学んだ侵食のノイズスケールと同様です。凹凸をつくり出すノイズ柄の大きさを意味します。

以下は、ブラシサイズ8192、フォールオフ1.0、Bothモードで3つのノイズスケールによるノイズ効果の違いを示したものです。

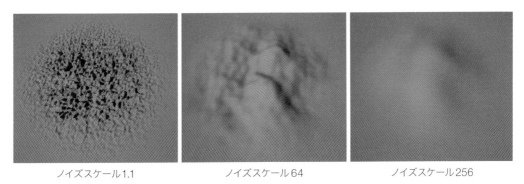

| ノイズスケール1.1 | ノイズスケール64 | ノイズスケール256 |

図 5-100 ノイズスケールの値による効果の違い

　ツールの強さを小さく調整して地面にノイズを与えることで自然な凹凸を付与することができます。地形の概形が決まった後、最後の仕上げとしてノイズツールを使用することも多くあります。

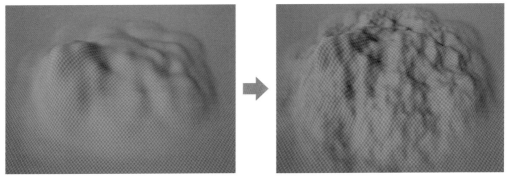

図 5-101 強度0.1、ノイズスケール24.0における処理

📝 ノイズツールの使いどころ

　ノイズツールは大きな隆起＆沈降だけでなく、平地や大地の細かな凹凸をつくるのにも便利です。

5-2-9 リトポロジー

　トポロジーとは、簡単に言えばメッシュのつくり（構成）を指します。表現したい形に対して適切なトポロジーでメッシュを構成することで目的の形状が得られます。しばしば例に挙げられるのが人体モデリングです。人の体の流線形に沿ってメッシュが流れるように並ぶことで綺麗なモデルを得ることができます。

　リトポロジーとはこのメッシュのつくり・流れを修正するツールです。時々、スカルプトツールで編集を行っていると急激な変形によってメッシュが大きく歪むことがあります。マテリア

ルの割り当てられていないメッシュはデフォルトで市松模様が割り当てられていますが、シュ
が歪むとはこの市松模様が大きく歪むことを意味します。

スカルプトツールでフォールオフを0.0にして円形の反り立つ地形をつくってみましょう。

✅ リトポロジーを使用するには

なお、リトポロジーツールはランドスケープ生成時に「編集レイヤーを有効化」をオフにして、レイヤー機能を無効化したランドスケープのみに適用できます。

ここまでの作業ではレイヤー機能を有効にして進めてきているはずなので、ブラシが赤色になり作業ができません。

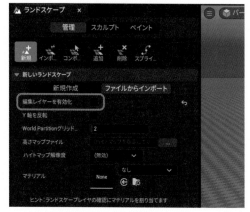

図 5-102 編集レイヤーを有効化 オフ

反り立つ崖の部分の市松模様を見てみると元の正方形が大きく崩れて歪んでいるのがわかります。リトポロジーはこの歪みを解消してくれるわけです。

リトポロジーツールに切り替えてフォールオフ0.0で作業しましょう。左ドラッグで複数回リトポロジーを行うと、崖の部分の歪みが解消していることがわかります。

フォールオフ0.0でのスカルプト   リトポロジー後

図 5-103 リトポロジーによる歪みの解消

地面のテクスチャで作ったマテリアルを割り当てれば地面が部分的に歪んでしまいます。ランドスケープにマテリアルを割り当てる方法は次の可視性ツールで詳しく解説します。

ここでは比較画像でその違いを見ておきましょう。

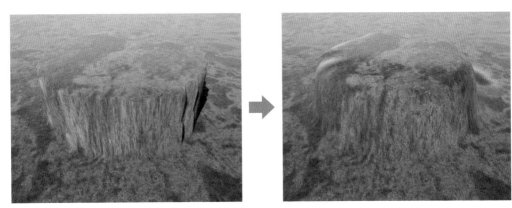

図 5-104　リトポロジー前後における見た目の違い

　このようにリトポロジーはメッシュの形には影響を及ぼさずに、この歪みを解消してくれます。リトポロジーは万能ではないため、あまりに複雑な形状には機能しないこともあります。
　ほとんどの場合、スムーズツールを使用して無理のないトポロジーを得る方がいいでしょう。どうしても形状に手を加えたくない場合に使用してください。

🖊 メッシュの歪みの解消

　メッシュの歪みを解消したいときはスムーズツールを使用しますが、メッシュの形をどうしても変えたくないときはリトポロジーツールを使用します。

5-2-10 可視性

　可視性ツールを使用するとメッシュの一部を透明にして、例えば山の中の洞窟をつくることができます。

　ただし、可視性ツールの説明にはいくつか他の機能を横断して理解する必要があります。このタイミングで解説することはやや早いのですが、可視性ツールの具体的な使用方法を解説したものはほとんど出回っていないため、ここで詳しい設定方法について触れておきます。
　必ずしも一緒に作業する必要はありません。あなたが必要になったときにここへ戻ってきてください。

図 5-105　可視化ツールによる洞窟の作成（公式ドキュメント）

STEP 1 マテリアルの割り当て

ここまでにランドスケープのメッシュにはマテリアルが割り当てられておらず、代わりに市松模様（グレーの四角）が見えているはずです。

本書では、以降の解説でランドスケープのマテリアルを作り込み、一つの地形メッシュの中に複数のテクスチャが持てるようにしていきます。一つのマテリアルで草も土も岩も砂利道も表現できるということです。

さて、ここではもっと簡単にランドスケープのマテリアル設定を行いましょう。

まず、アウトライナーからLandscapeを選択し一つ下の階層

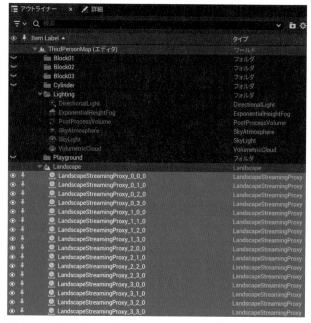

図 5-106 LandscapStreamingProxyの選択

に含まれているLandscapeStreamingProxyをすべて選択します。

詳細パネルのランドスケープを開き、ランドスケープマテリアルに適当なマテリアルを割り当てましょう。

今回は例として**M_Ground_Moss**を選択します。mossと検索して探し出しましょう。割り当てるとビューポートのメッシュが市松模様から苔のテクスチャに切り替わるはずです。

図 5-107 詳細パネル　ランドスケープマテリアル

図 5-108
ランドスケープマテリアルの適用後

割り当てたマテリアルはコンテンツドロワー上でも確認することができます。詳細パネルの
マテリアル名の下に表示された のアイコンをクリックしましょう。

図 5-109
コンテンツドロワーへのワープアイコン

コンテンツドロワーが開くと、マテリアルM_Ground_Mossが選択された状態になります。

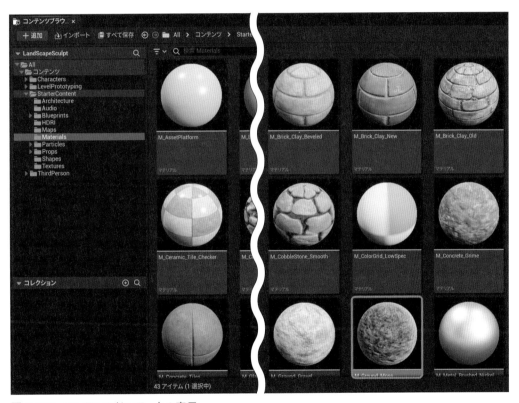

図 5-110　コンテンツドロワー上の表示

STEP 2 マテリアルの設定

マテリアルには材質を適切に表現するためのさまざまなパラメータが用意されマテリアルごとに管理されています。マテリアルの設定を編集するために、マテリアルエディタを立ち上げましょう。

選択されたマテリアル **M_Ground_Moss** をダブルクリックします。マテリアルエディタが別画面で起動します。

エディタ右側はノードと呼ばれる要素を繋いでどんなマテリアルなのかを決める作業エリア、マテリアルグラフです。左側には編集しているマテリアルのプレビューと詳細パネルで各ノードの持つパラメータの編集が可能です。

表5-3　マテリアルグラフ上の操作

左クリック	ノードの選択
左ドラッグ	ノードの移動
右クリック	新規ノード追加
右ドラッグ	ビューの移動
ホイール回転	ズーム

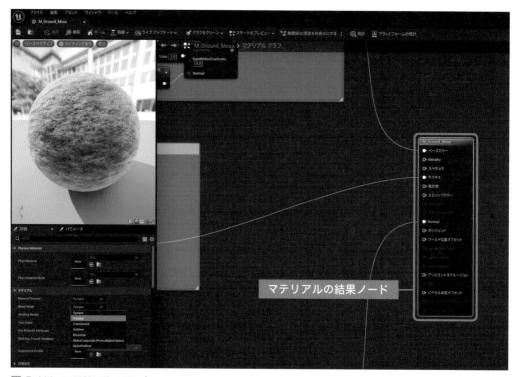

図 5-111　マテリアルエディタ

STEP 3　マテリアルのBlend Modeとオパシティマスクの接続

　ここまでに可視性ツールとは地面の一部を透明にするものと説明しました。しかし、デフォルトで設定されているマテリアルのタイプではこれを実現することはできません。

　マテリアルの結果ノードと呼ばれる、一番右のノードを選択しましょう。一番上にベースカラーと表記があるものです。

　選択後、画面左にある詳細パネルを確認します。マテリアルを開き、Blend ModeをOpaque→Maskedに変更します。

図 5-112　Blend ModeをMaskedへ切り替え

　すると「マテリアルの結果ノード」の中身が切り替わり、オパシティマスクという項目が出現しています。

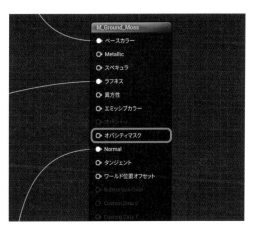

図 5-113　Blend ModeをMaskedへ切り替え

それではマテリアルグラフ上で右クリックし、検索欄にlandscapeと入力しましょう。候補の中からLandscape Visibility Maskノードを選択して新規追加します。

図 5-114 Landscape Visibility Mask ノードの追加

Landscape Visibility Maskの右端にある丸の上から**マテリアルの結果ノード**のオパシティマスクの上にドラッグ＆ドロップします。するとノード同士がワイヤーで繋がり接続されます。

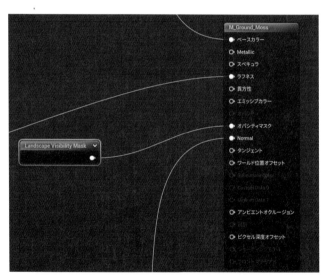

図 5-115 Landscape Visibility Maskとオパシティマスクの接続

最後に画面上部の**適用**のボタンをクリックしましょう。ここまでの編集結果がマテリアルに反映されます。

図 5-116 適用ボタン

これでマテリアルエディタでの準備は完了です。エディタは最小化するか閉じても構いません。

STEP 4 　ランドスケープの穴マテリアルの割り当て

ランドスケープで可視性ツールを使えるようになるまであと一息です。

マテリアルエディタは閉じて元のメインエディタに戻ります。アウトライナーから Landscape を選択して、詳細パネルを確認しましょう。既にランドスケープマテリアルに M_ Ground_Moss が適用済みです。

さらにその下の詳細設定を開きます。中にあるランドスケープの**穴マテリアル**に M_ Ground_Moss を設定しましょう。

図 5-117 　2つのマテリアル設定後の画面

ここまでの作業で「M_Ground_Moss」にはオパシティマスクが用意されていますので、これで可視性ツールが使えるようになります。

127

CHAPTER 5 基礎固め！ 地形作りのツールを使いこなそう

☑ 可視性ツールを使用するための4つの準備

可視性ツールを使用するための準備は以下の4つです。
・ランドスケープマテリアルの設定
・マテリアルのBlend ModeをMaskedに変更
・Landscape Visibility Maskとオパシティマスクの接続
・ランドスケープ穴マテリアルの設定

図 5-118 注意メッセージ

可視性ツール上のターゲットレイヤーに図5-118のようなメッセージが表示されている場合は、ここまでの設定を再確認してください。

● 可視性ペイント

まずはスカルプトツールで山をつくりましょう。改めてランドスケープのスカルプトモード、可視性ツールを選択します。

地面の上を左ドラッグで塗るとマスクが掛かり不可視化するはずです。一方、 Shift ＋左ドラッグでは不可視化が解除されます。

図 5-119 可視性ツール

図 5-120 透明化

図 5-121 不透明化

以上が可視性ツールを使用するための準備と実際の作業方法です。新しいことを一気に解説しましたので少し難しかったかもしれません。本書で制作する際には可視性ツールは使用しませんが、あなたが洞窟をつくりたいと思ったときは、ここへ戻りすべき準備を確認してください。

5-2-11 ブループリントブラシ

ブループリントブラシは、テクスチャやマテリアルなどのパラメータをブラシ形状に割り当てることができる機能です。このブラシを使用することで、複数のテクスチャやマテリアルをランドスケープ上に組み合わせたり、特定のエリアにテクスチャを塗布したりすることが可能です。

図 5-122　ブループリントブラシ

ブループリントブラシを使用するためにはプラグインを有効化する必要があります。編集→プラグインと進み、検索欄にLandmass入力してプラグインを有効化します。

図 5-123　プラグイン

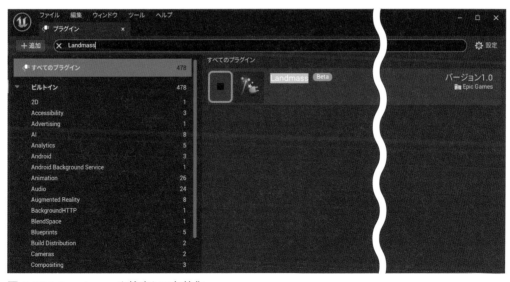

図 5-124　Landmassを検索して有効化

✅ 使用時の注意

ブループリントブラシを使用するにはランドスケープのメッシュ生成時に**編集レイヤーを有効化**にチェックを入れておく必要があります。

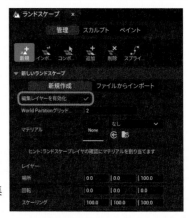

図 5-125 ランドスケープ生成時に編集レイヤーを有効化しておく必要があり

ランドスケープのスカルプトモードにブループリントブラシという項目が見つかります。プラグインがベータ版であることもあり、本書ではブループリントブラシを使用しません。ここではブループリントブラシの概念を大まかに理解してもらうために主要な設定項目について解説していきましょう。

まずはブループリントブラシツールを選択します。ツール設定からブループリントブラシを開き **Custom Brush Landmss** を選択します。表示されない場合は Landmass プラグインが有効化できているか再確認しましょう。

図 5-126 ブループリントブラシの選択

ブラシの選択ができたらランドスケープメッシュ上で一度左クリックします。スプライン（特定の点を通る線）と制御点（前述の"特定の点"）が表示され、パスに囲まれた領域内に山が形成されます。

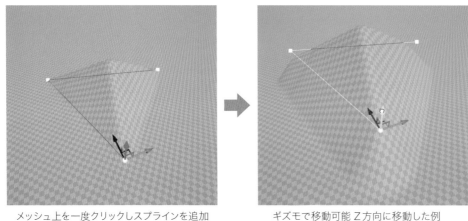

メッシュ上を一度クリックしスプラインを追加　　ギズモで移動可能 Z 方向に移動した例

図 5-127 スプラインの移動

　白い点で表示される制御点を左クリックして選択し、表示されるギズモを使ってスプライン
を移動することができます。

　制御点は Alt を押しながらギズモを移動することで複製することができます。このとき選
択場所によってはスプライン全体が複製されてしまうこともあります。その場合は他の制御点
を一度クリックし、もう一度選択し直すことを試してみてください。

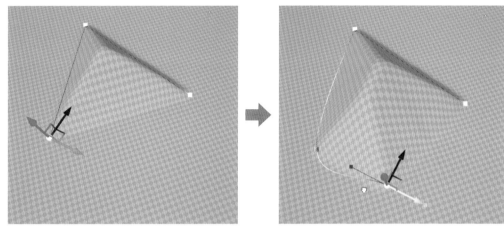

図 5-128　 Alt を押しながらギズモ移動でスプラインの制御ポイントを追加

　細かなスプラインの設定や生成する地形
の条件は、詳細パネル内で設定します。そ
れでは主要な設定項目を見ていきましょ
う。
　Brush Settings の上部3つのボタンでは
各制御点間の補間パターンを決めることが
できます。
　Auto Spline Tangents では制御点を通
るスプラインが曲線になりますが、Hard
Edge Tangents ではスプラインは直線と
なり制御点で折れ曲がります。

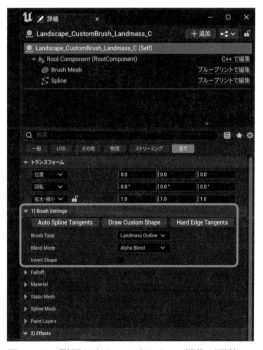

図 5-129　詳細パネルでスプラインの編集が可能

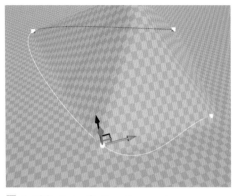

図 5-130 Auto Spline Tangents

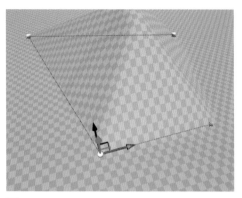

図 5-131 Hard Edge Tangents

Brush TypeはデフォルトでLandmass Outlineが選択されており、スプラインで囲まれた領域内に一つの山を生成します。Spline Meshに切り替えると、スプラインに沿った形に山脈が形成されます。

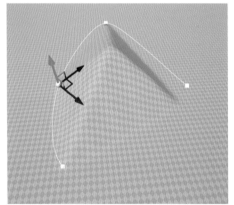

図 5-132 Landmass Outline

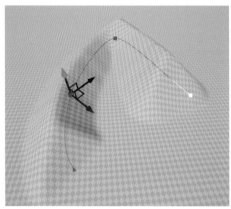

図 5-133 Spline Mesh

Blend Modeではスプラインによって生成する地形が、ランドスケープメッシュや他のスプラインによって生成した地形などとどのように混ざり合うかを決めることができます。Alpha Blendはデフォルトの設定です。周囲のメッシュとつくり出した山が一定の幅で混ざり合います。

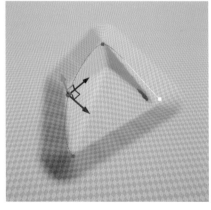

図 5-134 Alpha Blend

Minでは混ざり合う地形のうち標高の低い部分が優先され、Maxでは混ざり合う地形のうち標高の高い部分が優先されて出力されます。

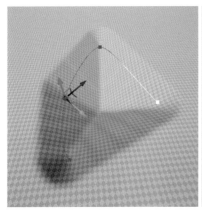

図 5-135　Min（左）とMax（右）での出力の違い

Additiveを理解するにはスプラインが複数必要です。アウトライナーでLandscape_Custom Brushを選択後、[Alt]を押しながらスプラインの複製と移動を行います。

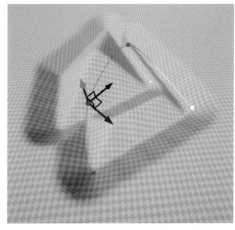

図 5-136　Landmas全体を[Alt]で移動して複製

複製して新たに生成したスプラインのBlend ModeをAdditiveに変更するとその違いが確認できます。Additiveに設定した地形を周囲に加算する形で結果が出力されます。

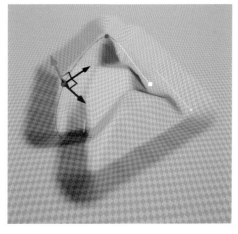

図 5-137　複製した方をAdditiveにした場合

Invert Shapeを有効化すると凹凸が反転します。

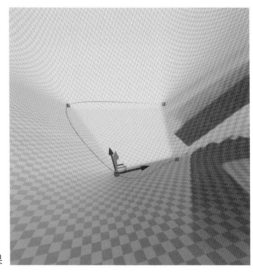

図 5-138 InvertShape の効果

スプラインで生成する山の斜面などはFalloffによって調整できます。

図 5-139 Falloff の詳細パネル

CapShapeでは山の頂上付近を平らにし、台地をつくり出すことができます。

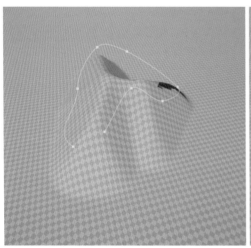 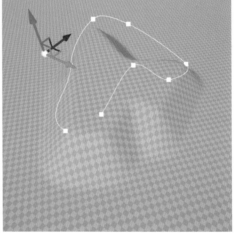

図 5-140 CapShape の効果

Falloff Angleでは山の斜面の傾斜を決定することができます。

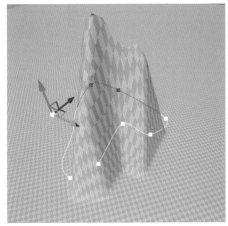 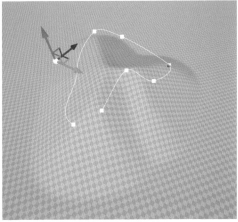

Angle75   Angle30

図 5-141 Angle による効果の違い

　最後にEffectsのうち、Curl Noiseを紹介します。

　Cutl 1Strengthに数値を入力すると凹凸にノイズによる変化を与えることができます。StrengthとTilingを変更することにより様々な地形をつくり出すことができますので、試しに値を変えて結果を確認してみてください。

図 5-142 Curl Noise の項目

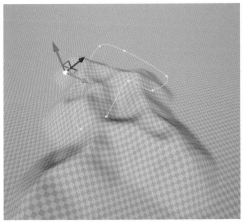 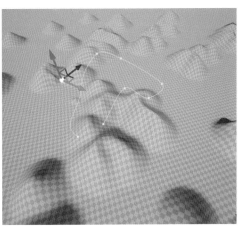

Curl 1 Strength 1.0   Curl 1 Strength 5.0

図 5-143 Strength の効果の違い

5-2-12 ミラー

● ミラーポイントと操作

鏡面対称の位置に地形をコピーします。ミラー
ポイントは鏡面の位置、操作は対称化する元と先
を決定します。

図 5-144　ミラーツール

例えば、-X to +Xの場合、鏡面の-X側を +X側に鏡面コピーします。コピーの実行には**適用**
ボタンをクリックします。

図 5-145　-X to +Xのミラー前

図 5-146　-X to +Xのミラー後

逆に +X to -Xの場合、-X側が +X側に鏡
面コピーされます。

図 5-147　+X to -Xのミラー後

-Y to +Yでは鏡面が90度変わり、Y
軸方向で鏡面コピーされます。

　鏡面の位置を変えたい場合には、ミ
ラーポイントを変更するかビューポート
上の矢印をドラッグして移動します。

図 5-148　ミラーポイントの移動

　他にも回転対称による地形コピーも可能です。**Rotate-X to +X**ではミラーポイントを中心
として地形が回転しながらコピーされます。コピー元とコピー先は回転対称の関係です。

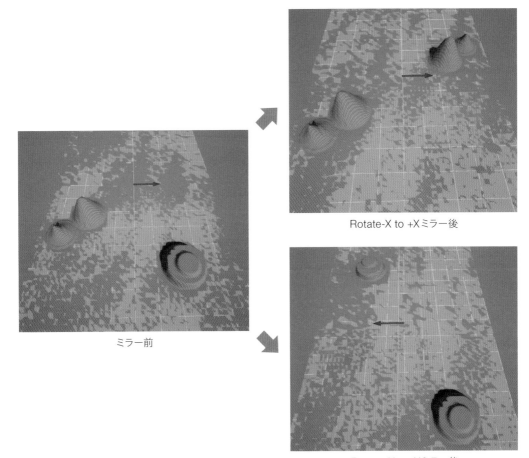

Rotate-X to +Xミラー後

ミラー前

Rotate+X to -Xミラー後

図 5-149　回転対象のコピー

・幅のスムージング

　幅のスムージングを設定すると、鏡面にあるメッシュがスムージングされ滑らかになります。

　スムージングを行わない場合、鏡面付近では山の斜面の傾斜が急に変わるなどして、たいてい結果は不自然になります。幅のスムージングの設定を行うと鏡面が滑らかに接続されます。下図のミラーによって2つの山が重なる部分の傾斜に注目してください。

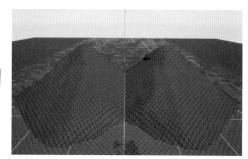

幅のスムージング0のミラー結果

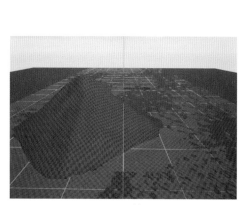

ミラー前

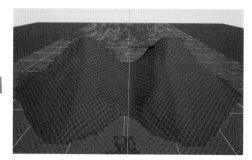

幅のスムージング20のミラー結果

図 5-150　幅のスムージングによるミラー結果の違い

5-2-13 選択

　選択ツールはスカルプト作業のマスクとして使用することができます。

　マスクとはスカルプトや平坦化、スムーズといった各操作の影響を受けないように保護するものです。

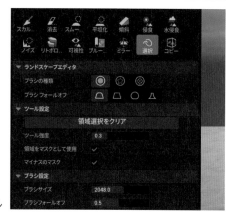

図 5-151　選択ツール

選択ツールに切り替えた後、メッシュの上で左ドラッグで描くと、メッシュが白く塗り潰されます。白く塗られた領域がマスクのかかった領域です。

図 5-152 選択前の地形、2つの山

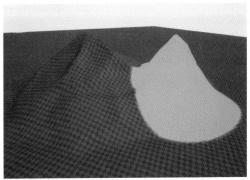

図 5-153 選択後の地形、右側の山のみ選択

右側の山を適当に選択してマスクをかけた後、スカルプトツールに切り替えて編集してみましょう。マスクされた右側の山の白い領域にはスカルプトが影響していないことがわかります。

作り込んだ地形を保護して後の編集から守りたい場合には、このように選択ツールでマスクを掛けるようにします。

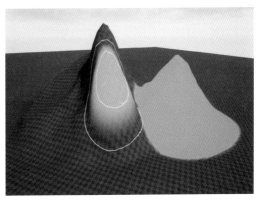

図 5-154 マスクされた山のスカルプト

● 領域をマスクとして使用

選択領域をマスクとして使用するための項目です。基本的に有効にしてマスクとして活用します。ただし、次に解説するコピーツールでも同様の設定項目があり、それぞれの設定は連動しています（片方で無効化すればもう片方も無効化されます）。

コピーツール使用時にはこのチェックを外した方がいい場合もあります。

● マイナスのマスク

マスクした領域を反転します。白く塗り潰される領域が反転することが確認できます。

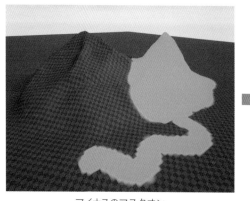

マイナスのマスクオン

マイナスのマスクオフ

図 5-155　マイナスのマスクのオンオフ時の違い

● 選択領域のクリアと選択解除

　選択した白い領域は「選択領域のクリ
ア」で解除することができます。また、
[Shift]＋左クリック（ドラッグ）で選択
を解除し領域を編集することも可能で
す。

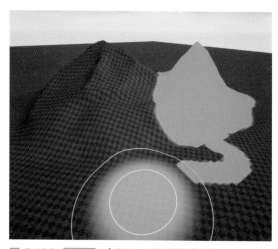

図 5-156　[Shift]+左ドラッグで選択解除

● 選択ツールの活用　道や河川の作成

　マスクした部分の編集が行われないこ
と活用例として、山岳に囲まれた街道を
つくってみましょう。

　道となる部分を選択ツールで描きマス
クします。このときブラシ設定のフォー
ルオフは0.0にしておきましょう。

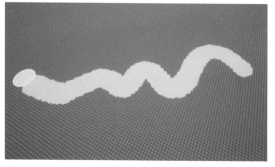

図 5-157　選択ツールで道を描く

その後、スカルプトツールに切り替え道の周囲に大きな山々をつくります。ここまでに学んだ侵食ツールも活用してみてください。

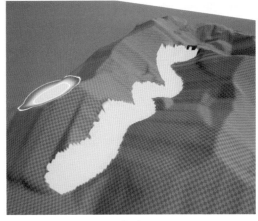

図 5-158 スカルプト＆侵食

選択解除して地形を確認すると山の間を走る道がつくれたのがわかります。例えば河川をつくりたい時などにも、このような方法で作成してみてください。

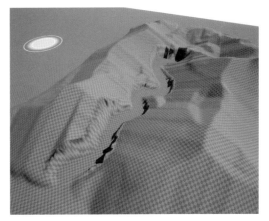

図 5-159 選択解除後の地形

マスクした領域との境はメッシュが歪みますので、スムーズツールを使用して滑らかに整えれば完成です。

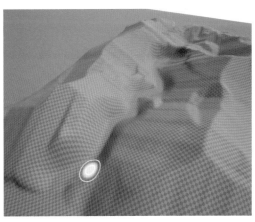

図 5-160 スムーズによる整地

5-2-14 コピー

コピーツールでは選択ツールで指定した範囲の地形をコピーして他の場所に貼り付けることができます。コピーツール単体で作業することもできますが、選択ツールを合わせて作業することで細かな形状のコピーまで柔軟に対応することができます。

図 5-161　コピーツール

• コピーの基本フロー

地形をコピーする作業は混乱しやすいので基本フローをまとめておきましょう。

コピーの方法はいくつか存在しますが、ここでは選択ツールを活用した方法を最初に紹介します。

STEP 1

選択モードでコピーしたい領域を左ドラッグで白く塗り潰します。選択をやり直すには**領域選択をクリア**をクリックして白く塗り潰しをリセットするか、[Shift]＋左クリック（ドラッグ）で選択領域を削除して編集しましょう。

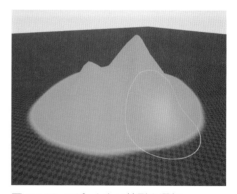

図 5-162　コピーしたい地形を選択

STEP 2

コピーツールに移動して**選択領域にギズモを適用させる**をクリックします。白く塗り潰した領域が包まれるようにギズモが移動します。オレンジ色のワイヤーフレームで表示された箱状のものがギズモです。

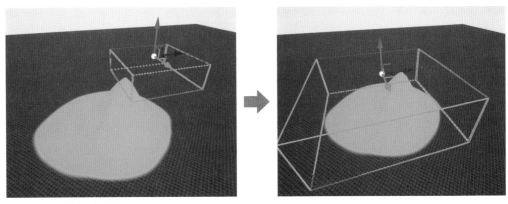

図 5-163 ギズモを適合

STEP 3

ギズモへデータをコピーするをクリックしてギズモ内にメッシュの形状を記憶させます。ショートカットキーは Ctrl + C です。

ギズモへのデータコピーをリセットしたい場合は**ギズモデータのクリア**を選択します。

領域選択をクリアと間違えないようにしましょう。**領域選択をクリア**は白く塗り潰した領域のリセットです。

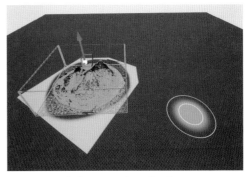

図 5-164 ギズモへデータコピーする

STEP 4

ギズモをコピーした地形を生成したい場所へ移動します。移動だけでなく回転やスケーリングなどのトランスフォームを行うこともできます。移動、回転、スケーリングは Space で切り替えられます。

移動

回転

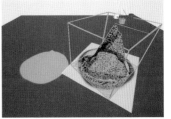
スケーリング

図 5-165 ギズモの移動、回転、スケーリングの様子

STEP 5

Ctrl + V で地形を貼り付けます。

以上の手順で、地形のコピー、トランスフォーム編集、貼り付けができました。選択モードを使用することでより細かくコピーする領域を決めることができます。

もう少しざっくりと広い領域でコピーしたい場合には選択ツールを使用せず、ギズモの大きさを直接編集する方がいいでしょう。

● 詳細パネルによるギズモの編集

選択ツールは使用せずにギズモを編集してコピーする領域を決めてみましょう。

コピーツールにいる状態で詳細パネルをみるとLandscapeGizmoActiveActorが選択されているはずです。

トランスフォームでギズモの位置、向き、大きさを変更できます。ギズモと書かれた設定項目では幅、高さ、長さZの3項目でギズモのサイズを変更することができます。

図 5-166 LandscapeGizmoActiveActorの詳細パネル

● 領域をマスクとして使用

この項目は選択ツールにも存在し、互いが連動しており、どちらか一方で無効化すれば両方が無効化されます。

図 5-167 コピー元とコピー先が一部重なる場合

「領域をマスクとして使用」有効

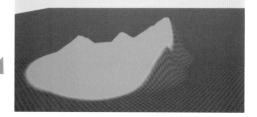

「領域をマスクとして使用」無効

　選択領域をマスクとして使用するということは、その領域は保護されて編集されないことを意味します。例えば、コピー元とコピー先が一部重なり合うような場合、マスクされている場合とされていない場合でコピー結果に差が生じます。

　マスクとして使用されなければコピー元の地形も編集できることから、コピー元の近くで貼り付けを行うとコピーした後に元の地形が大きく変わる可能性があります。

- マイナスのマスク
　選択領域を反転することができます。選択ツールと同様です。

- 貼り付けモード
　コピーした地形の内、隆起と沈降をそれぞれ切り分けて貼り付けできます。
　Bothは隆起と沈降どちらも貼り付けます。Raiseは隆起した部分のみ、Lowerは沈降した部分のみ貼り付けます。

Bothモード(コピー元と同じ)　　　　　　　　　Raiseモード

Lowerモード　　　　　　　図 5-168　それぞれの貼り付けモードの結果

- ランドスケープグリッドにギズモをスナップ
　ギズモの位置をグリッドにスナップします。ギズモの位置はグリッドにならい一定間隔でしかずれなくなりますのでコピーしたメッシュが滑らかに繋がりやすくなります。実際のところ、グリッドにスナップしなければならないほど繊細な編集作業はほとんどありませんので、無効のまま進めて構いません。

- スムージングギズモブラシを使用
　コピーして生成する地形を周囲のメッシュと馴染ませるようにスムージングします。無効にしていると不自然な尖りや崖が残されてしまうこともあるため有効化しておくことをおすすめします。

　ギズモへデータをコピーした後、Z方向（上方向）にギズモを移動し Ctrl + V でペーストしましょう。

　「スムージングギズモブラシを使用」の有効/無効で比べてみます。

データコピー後にZ方向へ持ち上げ

「スムージングギズモブラシを使用」有効

「スムージングギズモブラシを使用」無効

図 5-169 「スムージングギズモブラシを使用」有効と無効の違い

　有効の場合は山の下部（すその）が平面と馴染むようにスムージングされます。無効化すると下部は崖のように反り立っているのがわかります。

　以上がスカルプトモードに備わっている各種ツールです。

　主にスカルプト、スムーズ、平坦化、侵食、ノイズを使いこなすことで美しい風景を創り出すことができます。

　次の章では新たなプロジェクトを作成して、本番の風景制作に取り掛かります。創りたいもののイメージを膨らませてください。

CHAPTER 6

実践!
自分の地形をつくろう

この章では、ランドスケープ機能を使って美しい島を制作する手順を解説します。プロジェクトの準備から始めて、ランドスケープメッシュを追加し、海や島の形を作ります。島のベースを作成し、細部を削って独自の美しい島を完成させます。また、道や浜辺を作ることで自然な風景を表現できます。この章を終えると、地形を自由にカスタマイズし、独自の美しい島を作ることができます。

6-1 ランドスケープ機能で制作を開始しよう

6-1-1 プロジェクトの準備

やっとここまできましたね。お疲れ様です。ここからいよいよ、あなたの作品をつくり始めていきましょう。

Epic Games Launcherを起動して新たにプロジェクトを作成しましょう。プロジェクトブラウザでゲームカテゴリの中からサードパーソンテンプレートを選択します。デフォルト設定のまま任意でプロジェクト名を決めて作成ボタンを押します。

テンプレートが追加されたらスタティックメッシュをすべて削除しましょう。アウトライナーで SM と検索して出てきたアイテムを Delete ですべて削除します。その他、TextRenderActor も不要ですので削除しておきます。

操作は5-1と同じです。心配な場合は戻ることをおすすめします。

次に、エディタ左上の**選択モードをランドスケープモード**に切り替え、管理画面で作成ボタンを押してメッシュを生成します。メッシュのコンポーネント数はデフォルトの8×8です。

エディタ右上にあるカメラ速度を8に変更して広大なランドスケープの上空を素早く移動できるようにしておきます。

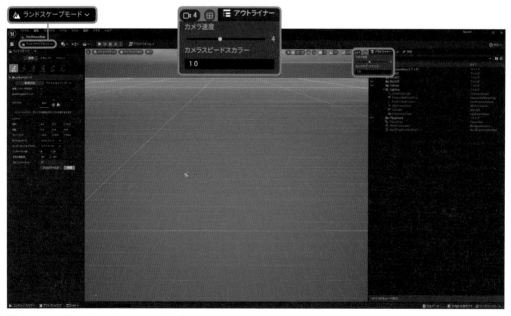

図 6-1 ランドスケープメッシュの作成

6-1-2 海の追加とマテリアル

　最終的な島の様子をより具体的にイメージしやすくして地形の編集を行うために、まずは簡易的な海を用意します。画面左上にある**クイック追加ツール→形状→Plane**を選択して追加します。

図 6-2　クイック追加メニューからPlaneを追加

　現在のランドスケープモードでは追加したPlaneを選択することができません。一度、ランドスケープモードから**選択モード**に戻してからアウトライナーでPlaneを探し出しましょう。

　Planeを選択して詳細パネルで**トランスフォーム**を編集します。戻り矢印マークを押して、トランスフォームの位置をリセットします。すると地形となるメッシュと今追加したPlaneの中心位置が揃うはずです。

図 6-3　Planeの詳細画面

　そのまま詳細パネルの中からマテリアル設定欄を探し、エレメント0のマテリアルを設定します。

　マテリアル名のドロップダウンを開いて検索欄に**water**と入力し出てくる**M_Water_Ocean**を割り当てましょう。

図 6-4　M_Water_Oceanの検索

マテリアルが設定できたらもう一度トランスフォームに戻りましょう。

拡大縮小の欄で錠のマークをクリックし値にロックを掛けます。これでXYZの値が比率を保ったまま連動して変更されるようになります。拡大縮小の値を510に変更しましょう。地形となるメッシュより少し大きなサイズになります。

次に位置のZを200に設定します。地形メッシュのZ方向の位置は100なので地表よりも下面が少し高い位置になればいいです。位置関係が合わない場合は地形メッシュの詳細パネルでZ位置を確認しましょう。

図 6-5 サイズの変更とZ位置

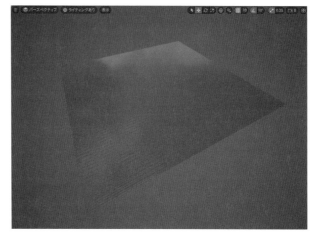

図 6-6 設定後のPlane　（裏にランドスケープが隠れている）

6-2 島の形をつくろう

6-2-1 島のベースをつくろう

　ここから島の概形をつくり始めますが、その前に今からつくる風景のイメージはできているかを確認しましょう。

　本書でお見せする風景制作の過程を見て、その地形、風景をそのままつくることは推奨しません。真似すべきは、**ツールの使い方と上手に表現するためのコツや考え方**です。

　要点を押さえたうえで、自分の頭の中にあるものを形にしていく作業に取り組みましょう。

　もちろん、決して簡単ではありませんが取り組む中で単に真似するよりも格段に学習の効率が上がります。イメージを膨らませるために、ここまでの章ではリファレンス集めについて触れてきました。あらためて今回作成する島のイメージを具体化していきましょう。

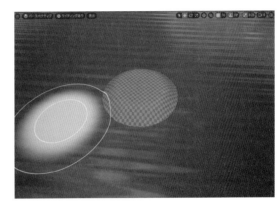

図 6-7　水上へのメッシュの持ち上げ

　まずは写真を見て想像するための材料を集めます。その後紙に描き出してみて、詳細をメモしておくといいでしょう。それでは島の概形がイメージできたところで地面を持ち上げて海面から顔を出させ、ベースとなる土台をつくりましょう。

　まずは**ランドスケープモード→スカルプトツール**に切り替えましょう。海底からメッシュの一部を持ち上げます。

　その後、平坦化ツールに切り替えます。海面から出た部分からドラッグして平地をつくります。最初に島の概形を描きましょう。枠をつくった後、中を塗り潰すように平坦化します。

平坦化で拡げる

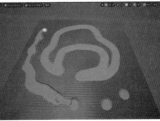
平坦化で外枠を描く

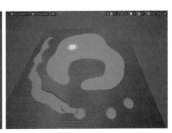
平坦化で中を塗りつぶす

図 6-8　平坦化ツールによる島づくり

6-2-2 島の概形をつくろう

平坦なベースをつくった後は再びスカルプトツールで山の元をつくっていきます。

このスカルプト工程のあと、スムーズや侵食など地面を削る工程が来ますので、最終的に残したい山の高さよりも大きめにつくっておきます。

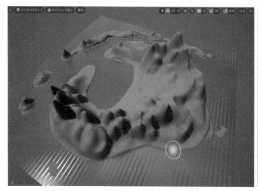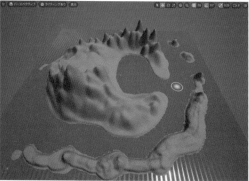

図 6-9　山のスカルプト例

スカルプト時はツールの強さとブラシサイズ＆フォールオフを中心に設定を調整します。パターンブラシやアルファブラシなどを使用する必要はありません。

作業が終わったらプロジェクトをすべて保存しておきましょう。**ファイル→すべて保存**もしくは Ctrl + Shift + S です。

図 6-10　こまめに保存

6-2-3 島を削ろう

　山の概形をつくることができたら侵食ツール、水侵食ツール、ノイズツールなどを使用して山肌を削り取っていきます。実際は侵食ツールとスカルプトツール、スムーズツールなどをいったり来たりしながら思い通りの地形をつくっていきます。

●侵食ツールのコツ

　侵食ツールを上手く使うコツは、ツールの強さとブラシのサイズです。

　ツールの強さをやや弱めに（0.1～0.2）、ブラシサイズを調整して山頂から麓（山のすそ野）まで、縦方向に侵食を行います。こうすることで縦方向に段差がつくられ筋となります。

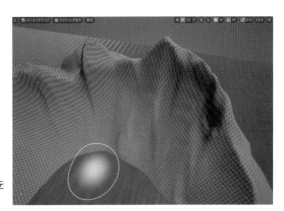

図 6-11　縦にブラシを動かし筋をつける

　次に、山の峰や稜をくっきりとさせます。

　峰とは山の頂上のことです。峰と峰を繋いだものが稜です。遠くから山を眺めると山々の間に稜が線状につながることから稜線とも呼ばれます。

　侵食ツールでブラシを横方向に動かせば、稜線を際立たせることができます。

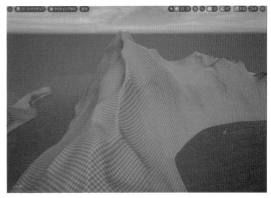

図 6-12　稜を際立たせる

　山の見栄えを良くするためには、丸みとエッジ、両方の形状を組み合わせるのがおすすめです。特に標高の低いところは丸めな丘に、標高の高い場所はエッジのたった崖にするイメージを持っておくと、自然な仕上がりになります。

　丸めな形状をつくる場合には侵食ツールだけでなくスムーズツールも使用してください。

図 6-13　標高の低い場所におけるスムーズの活用

• 水侵食ツールのコツ

水侵食ツールは他ツールとの使い分けを意識します。水侵食ツールの個性は特定の場所が深く削れ、穴を形成することです。

水侵食ツールの効果は、ツールの強度が小さかったりフォールオフが大きかったりするとわかりづらくなります。特にフォールオフはできるだけ小さい値で作業しましょう。

名前の通り、水による強い侵食効果を示すものであるということも改めて認識しておきましょう。例えば、滝の流れる崖のような局所的な凹みの欲しいところ、海に面した崖、地下水で削れた洞窟、これらは水侵食ツールが活躍するでしょう。

水侵食の「特定の部分が深く掘れる」ことが活かせないのならば積極的に使用する必要はありません。全体的な凹凸が欲しい場合にはノイズツールを使用しましょう。

例えば、流れ落ちる滝の最下部に滝つぼをつくるような、自分の望む特定の位置があるのであれば、スカルプトツールの方が作成しやすいです。なぜなら水侵食ツールは「雨の距離のスケール」を使用してランダム性を持った凹凸がつくられてしまうからです。

何度か試しに使ってみて水侵食ツールが必要かどうかを判断してみてください。

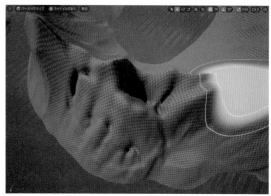

図 6-14 水浸食による局所的な凹み

• ノイズツールのコツ

表面に自然な凹凸を加えるのに適しているのがノイズツールです。

ノイズスケールの値を**0.01**程度に小さくして作業しましょう。他の作業によって細かな凹凸は削除されてしまいますのでノイズを与えるのは最後の最後です。

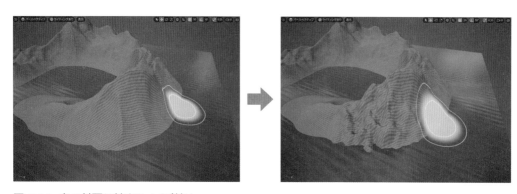

図 6-15 山の斜面に対するノイズ付け

● 海面した崖づくりのコツ

ノイズは海に面した崖をつくるのにも適しています。海に面した場所は、なめらかな形状では不自然です。

最初に侵食ツール、水侵食ツールを使用して反り立った形状や局所的なくぼみをつくります。

次に山の下半分のみにノイズを与えることで自然な岩場の形をつくることができます。ここに後に学ぶペイント工程（8章）で岩のマテリアルを適用しましょう。

さらにその後の工程でQuixel Bridgeの岩の3Dモデルを活用してゴツゴツとした見た目をつくることができます。

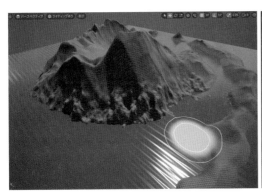
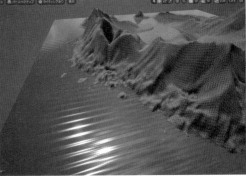

図 6-16　ノイズによる海に面した崖づくり

作業が終わったらプロジェクトをすべて保存しておきましょう。

6-2-4 道と浜辺をつくろう

自然の山々にも、獣道やずっと昔に人が歩いてできた山道があるかもしれません。
ここでは平坦化ツールを使用して道をつくっていきます。

● 浜辺のつくり方

水の流れが緩やかで、砂泥がたまりやすい場所には砂浜を用意しましょう。本書では砂浜用にマテリアルを用意し、そこに学んでおきたいテクニックが含まれています。

砂浜は主に平坦化ツールを使用します。海面近くからスタートして海面より少しだけ高い位置で平坦化しましょう。

海に近い場所で作業する場合、平坦化モードはRaiseがおすすめです。既にある山を削ることなく階梯から浜辺をつくることができます。

図 6-17　ツール設定
平坦化モード「Raise」

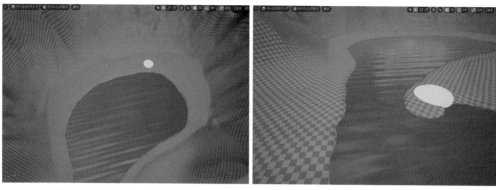

図 6-18 平坦化による浜辺の作成

　平坦化ツールだけでは波打ち際に段差が見られて不自然になってしまいます。スムーズツールを使用して砂浜と海面の交わりを滑らかにしてあげましょう。

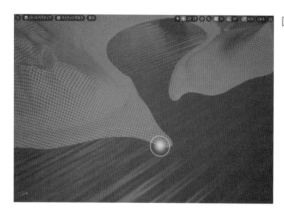

図 6-19　海との境界をスムーズする

• 道のつくり方 (平坦化ツールの活用)
　島の中央にある高台から浜辺に下りる道をつくってみましょう。傾斜ツールを使用するか、平坦化、スムーズ、スカルプトを併用してつくっていきます。
　傾斜ツールを使用する場合はくっきりと真っ直ぐな斜面になるため、作成したあとにスカルプトなどで形に動きをつけてあげます。まずは、平坦化を用いて、ゴツゴツとした山道をつくってみましょう。

　平坦化ツールでモードを **Raise** に変更し、高台から浜辺まで「く」の字で平坦化を行います。平坦化ツールは左ドラッグした開始点の高さを維持し続けますので、コレだけでは斜面になりません。
　何度かドラッグして離してを繰り返します。この時点では段々畑のような形状になっているでしょう。その後**スムーズツール**で角を丸めます。

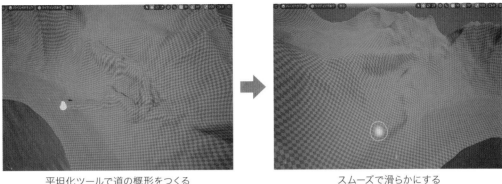

平坦化ツールで道の概形をつくる　　スムーズで滑らかにする

図 6-20　平坦化とスムーズによる山道の作成

　スムーズツールを使用するとせっかく作った平坦な面も消えてしまうでしょう。最後に道の部分をスカルプトツールでへこませるといいでしょう。

　Shift を押しながら左ドラッグすれば地面が沈降します。ブラシサイズを十分に小さくし、フォールオフを強めに調整して作業するのがポイントです。

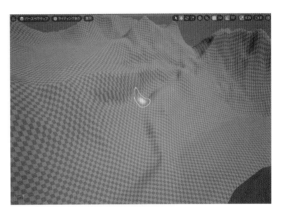

図 6-21　スカルプト　Shift で凹ませる

● 道のつくり方（傾斜ツールの活用）

　傾斜を持った道をつくる方法として傾斜ツールを使用することもできます。傾斜ツールはハッキリとした形状の坂道をつくってくれますので、作成後にスカルプトツールやノイズツールなどで荒らしてあげると自然の風景に溶け込むでしょう。

　傾斜ツールの傾斜幅とサイドフォールを調整して山に沿った崖の道をつくってみましょう。

図 6-22　傾斜ツールの活用例

リセットボタンと傾斜の作成ボタンを繰り返し押しながら崖の道をつくっていきます。

道幅は傾斜ツールの時点で十分広くとっておくといいでしょう。

道幅が狭い場合は平坦化ツールを使って道幅を拡げてもよいです。そうする場合は傾斜が消えてしまわないよう丁寧に作業しましょう。

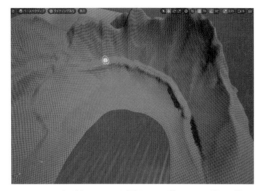

図 6-23　傾斜ツールを繰り返し使用して崖の道をつくる

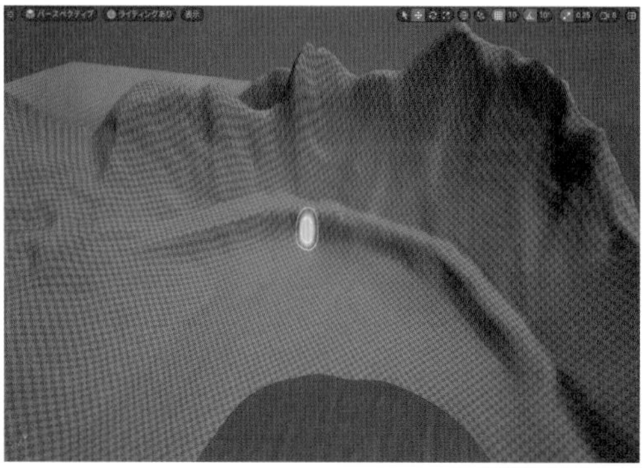

図 6-24　平坦化ツールで道幅を広げる

崖の側面は岩肌にしたいのでノイズを使用して細かな凹凸を付けておきます。

2つの方法で道を作りましたが、傾斜ツールを使うかどうかでできる道の輪郭が変わります。よりはっきりとした輪郭が欲しい場合は傾斜ツールを使用しましょう。

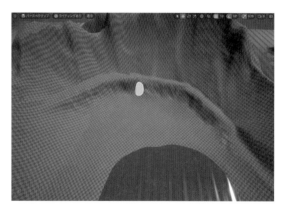

図 6-25　ノイズで崖の側面に凹凸を与える

● より自然にするためのつくり込み

ここまでに山、道、崖、浜辺の4つの要素を地形の中に盛り込むことができました。最終的により自然な風景になるよう実際の自然環境を意識して島の形状を決めていくといいでしょう。

例えば海の大波が直接当たる場所がスムーズで滑らかになっているのは不自然です。本書ではノイズを使用して水に削られた岩場をメッシュの形状で表現しました。

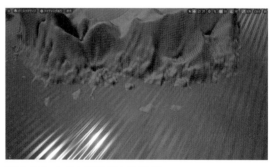

図 6-26　大きな波の当たる岩場

　一方、入江や大きな島と小さな島に挟まれた水の流れの緩やかな場所、もしくは急激に流れが遅くなる場所には砂がたまり砂浜をつくります。

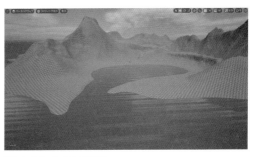

図 6-27　山に挟まれた地形　　　　　図 6-28　入江の砂浜

　高台には草を生やす予定です。必然的に土や砂のエリアになるので凹凸が多すぎても美しくなりません。スムーズツールを使って滑らかにしておくといいでしょう。
　周囲には山々が並びますので、その境界を上空から確認して意識しながら作業します。

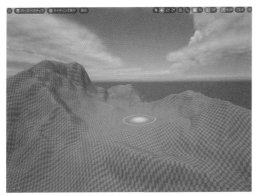
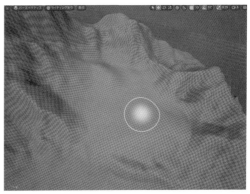

図 6-29　高台はその場所の環境を想像して滑らかに　　図 6-30　土や砂と周囲の山肌岩肌の境界を意識する

　水侵食の使用場面は限られますが、山が並ぶ谷を意識して窪みをつくると自然です。
　水が流れ込みどこにも逃げないような場所に水侵食を与えてあげましょう。

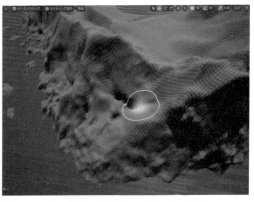

図 6-31　水の流れを意識して窪みをつける

水侵食ツールの活用の一例として、海に細かな岩を露出する方法を紹介します。

まず、スカルプトツールでフォールオフを0にして地面を隆起させましょう。

次に水侵食ツールに切り替えて削ります。部分的にメッシュの隆起が残り、海の中の岩場を表現できます。水侵食ツールでなくてもノイズツールで行うこともできますが、**ノイズ**と**雨の距離**の2つの模様の違いの分できる形状にも差があります。

水侵食で用いられる**雨の距離**では丸っこい形が得られるのでおすすめです。

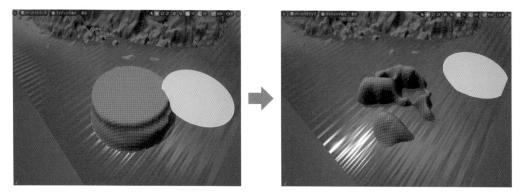

図 6-32　水浸食ツールの活用例

水侵食ツールの設定は自由に決めていいですが、うまくいかない場合は図6-33の設定を参考にしてみてください。**雨の距離**の**スケール**を変えれば、また違った形ができるはずです。試してみましょう。

図 6-33　水侵食ツールの設定例

水侵食のみでは表面の細かな凹凸が少なく岩場としては不十分です。ノイズツールを使って化粧をしてあげるとより良くなります。

ここでのノイズツールの設定例は次に示すノイズツールを使った仕上げにも活用してください。

図 6-34　最後の仕上げのノイズ設定例

図 6-35　ノイズツールで細かな凹凸を加える

• 最後の仕上げ

それでは最後の仕上げです。ノイズツールを使用して全体の細部を完成させます。

山の斜面は、侵食による平坦な面で終わらず、弱めのノイズを掛けて少し凹凸をつけるといいです。以降の章では草、土、砂、岩をペイントしていきます。

今つくっている地形がどんな見た目になるのか想像し、適した凹凸を用意しておきましょう。砂であればより平坦に、岩であればゴツゴツとしている方が自然ですね。もちろんペイント工程の途中にスカルプトにもどってくることもできます。その方がより具体的なイメージを持って地形の編集に取り組めるでしょう。

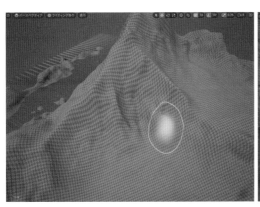
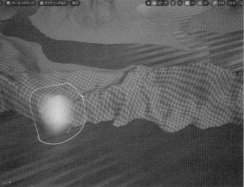

図 6-36　山の斜面をノイズで仕上げる

それでは次は地形に色付けを行うために見た目、材質を決めるマテリアルを用意します。
マテリアルエディタは初心者にとって少し難易度が高いので気を引き締めて臨みましょう。

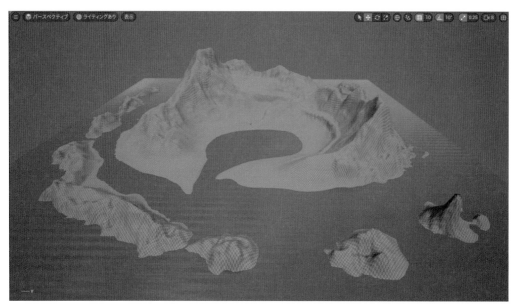

図 6-37　地形の完成イメージ

作業が終わったらプロジェクトをすべて保存しておきましょう。

CHAPTER 7

地面のマテリアルを
つくろう

本章では、ランドスケープ制作に必要なマテリアルの収集方法や自作方法について学びます。Quixel Bridgeを使用して素材を見つけ、Surfaceアセットを準備します。さらに、ランドスケープマテリアルやレイヤー付きマテリアルの作成方法を紹介します。スペキュラやラフネスなどの設定方法や四則演算ノードの使用、レイヤー情報の取り扱いについても解説します。この章を終えると、自分でマテリアルをカスタマイズし、ランドスケープ制作に必要なマテリアルを自由に扱えるようになるでしょう。

7-1 マテリアルの素材を集めよう

7-1-1 ランドスケープマテリアル

この章では制作した地形に割り当てるマテリアルを制作していきます。

ランドスケープの**Layer Blend（レイヤーブレンド）**という機能を使用することで、砂浜や土、草原、岩肌などさまざまな材質で塗り分けられるようになります。塗り分けと聞くと、複数のマテリアルを用意するのだろうと想像する方も多いでしょうが、そうではありません。

本書では以前に可視性ツールの解説でランドスケープマテリアルについて簡単に触れました。

ランドスケープの詳細パネルには**ランドスケープマテリアル**の設定欄があり、ただ1つのマテリアルを設定していましたね。

ここでは塗分けたいそれぞれの材質ごとにマテリアルを複数用意するのではなく、たった一つのランドスケープマテリアルを用意します。そこにレイヤーブレンドを使用した塗分け機能を自身で作成していきます。

この章ではQuixel Bridgeを使います。**4-2**でQuixel Bridgeの基本的な使用方法について触れました。

7-1-2 Surfacesアセットの準備

それでは実際に使用するSurfacesを選んでいきましょう。

STEP 1 サーフェス（Surfaces） フィルタリングとお気に入り

Quixel Bridgeを開くと画面左側にHome、Collections、MetaHumans、Localと並んでいます。Homeを開くと3D Assets、3D Plants、Surfacesのカテゴリが存在します。

Surfacesの下にはさらにカテゴリ分けされています。草、岩、砂を用意するため、Grass、Rock、Sandの3つのカテゴリを開いてみましょう。まずは**Grass**を選択します。Grassには青々とした草から枯草、クローバーなど特徴的な植物までさまざまな種類が用意されています。Grassの中にもさらにカテゴリ分けされており、詳細にフィルタリングすることができます。

フィルタリングにはさまざまな方法があります。ウィンドウ右上の■をクリックするとフィルタ機能バーが上部に出現します。

例えば、色の系統ごとにSurfacesをフィルタリングして表示することも可能です。以下はBrawnでフィルタリングした結果です。茶色いマテリアルが抜粋されていることがわかります。

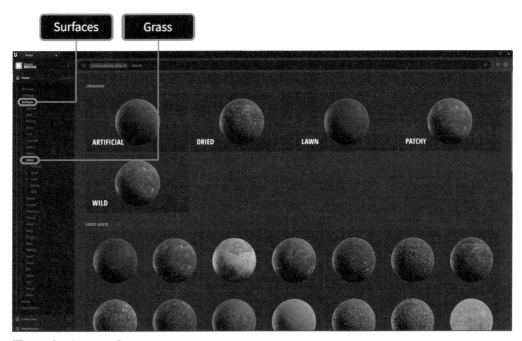

図 7-1 Surfaces→Grass

図 7-2 色によるフィルタリング例

既に気に入ったアセットはハートマークを付けているかもしれません。お気に入りしたものは Quixel Bridge 左側の **Home → Favorites** に格納されているはずです。

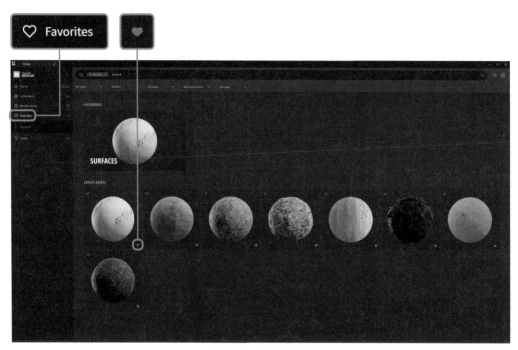

図 7-3 Favorites

STEP 2 **アセットの選定**

今回は全部で7つのSurfacesを入手します。はじめはどのようなものを選んだらよいか分からないでしょう。以下の指針に合わせて選択します。

砂のマテリアル	1種類
草のマテリアル	2種類
土のマテリアル	1種類
岩のマテリアル	2種類
アクセントとなるもの（自由枠）	1種類

砂や草、岩は2種類を混ぜ合わせることで表現が複雑になり見栄えが良くなります。砂は砂浜用に1種類アセットを使用しますが、マテリアルの編集を行って乾いた砂と濡れた砂を表現することで実質2種類を用意します。

少し砂利が含まれていたり凹凸がある砂のアセットがおすすめです。**Surfaces → Sand** カテゴリから探しましょう。

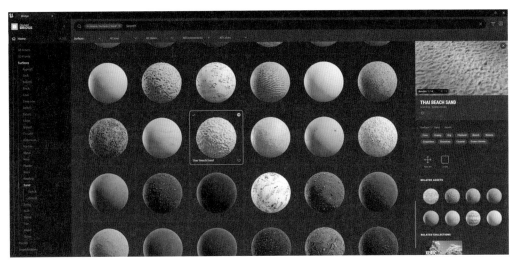

図 7-4　Surfaces→Sand のカテゴリ

　草は、青々としたものや枯れたものさまざま用意されています。

　2つを混ぜ合わせた際に意味があるよう違いを持たせ、かつ違和感がないよう見た目が遠すぎない2種類を選択しておくといいでしょう。色の薄いもの、緑の少し濃いものを選択するのがおすすめです。緑の濃さに差があり過ぎないよう注意してください。

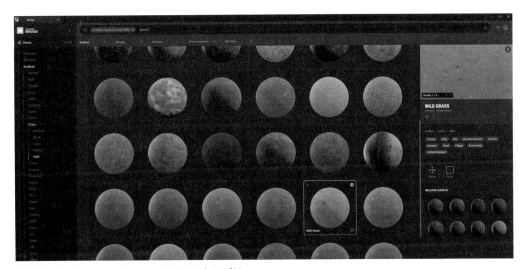

図 7-5　Surfaces→Grass→Wild のカテゴリ

✅　アセット選択のヒント

　　草のアセットの1つは島全体のベースとなります。オーソドックスなものを選びましょう。

土のアセットはGroundカテゴリから探します。崖の脇に作った道の地面に使っていきましょう。森やジャングルをイメージしたものなど細かなカテゴリに分かれていますので一度目を通しておくといいです。

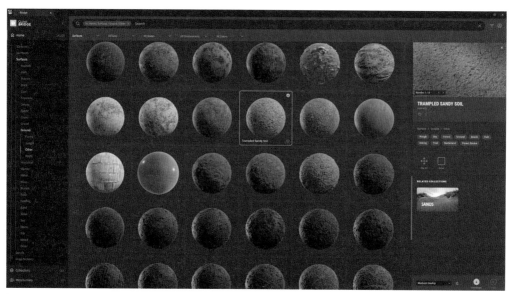

図 7-6 Surfaces→Ground→Other

岩はベーシックなものを1種類、苔付きのものを1種類用意します。Erodedと書かれたものは侵食によってできた岩肌でおすすめです。

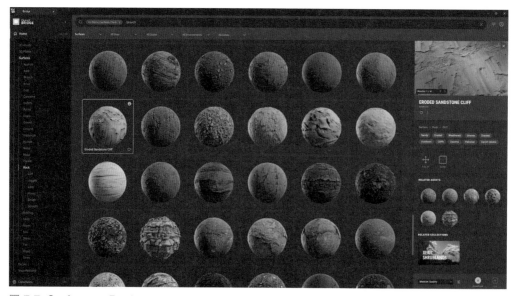

図 7-7 Surfaces→Rock

　ダウンロードはSurfaceの各アイコン（マテリアルが球状に表示されたもの）にマウスをかざすと、右上にダウンロードアイコンが出現し、それをクリックしても行うことができます。

　アセットをお気に入りしている場合は左側のハートマーク、Favoritesから作業を行うと効率的でしょう。

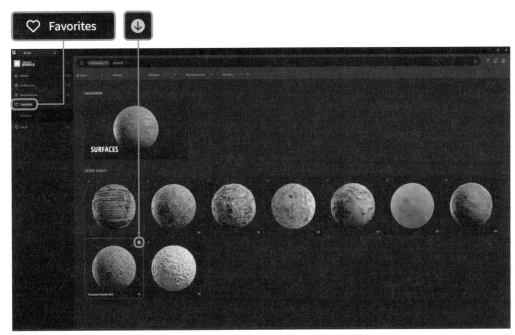

図 7-12　Favorites内とダウンロードアイコン

　Downloadをクリックした後、右隣に**Add**が青く点灯するはずです。アイコン右上には青い右矢印で表示されます。

　Addボタンをクリックすると現在開いているプロジェクトにアセットに含まれる情報がインポートされます。

　このタイミングで保存先を確認される場合がありますが特に変更せずそのまま進みましょう。

　一度Quixel Bridgeを最小化してもとのエディタを確認してみましょう。コンテンツブラウザを Ctrl ＋ Space で立ち上げます。左側のコンテンツ内から **Megascans**⇒**Surfaces**と進むと今取り込んだSurfaceアセットのフォルダが表示されるはずです。

　ここにマテリアルインスタンスとテクスチャが格納されていることを確認しましょう。

図 7-13　Addボタン

図 7-14 インポート素材の確認

● マテリアルインスタンス

　Quixel Bridgeからマテリアルインスタンスとテクスチャがインポートできました。マテリアルインスタンスとは何かを理解せずとも以降の作業は滞りなく進めることができます。しかし、より最適化されたプロジェクトづくりにおいて非常に重要な概念ですので、ここで解説しておきます。

　寄り道不要の場合にはこの項目をスキップしてテクスチャの説明に進んでも構いません。また、より厳密に理解したい場合は公式ドキュメントも確認してみてください。

https://docs.unrealengine.com/5.1/ja/instanced-materials-in-unreal-engine/

　マテリアルインスタンスの「インスタンス」とは「設計図から作成されたモノ」という意味です。ここで言う設計図のことを一般に親マテリアル、またはシンプルにマテリアルと呼ばれます。マテリアルは非常に多くのパラメータが存在し、マテリアルの編集には再コンパイルという処理を要します。

　再コンパイルとは変更を適用し、画面上に結果を反映させる処理と考えていいでしょう。この問題を解決するのがマテリアルインスタンスです。

　マテリアルインスタンスは親マテリアルの持つ一部のパラメータを変数（変更できる値）として持つ、親マテリアルのコピーのようなものです。マテリアルの構成情報を引き継ぎつつも一部の設定は柔軟に変更でき、さらにコンパイルが不要で即座に反映できることが最大の強みです。ちなみに、親マテリアルの構成を引き継ぐことを「継承」と呼んでいます。

　マテリアルインスタンスの特筆すべき点として、ゲームプレイ中にリアルタイムに変更可能なパラメータを持てることが挙げられます。これをマテリアルインスタンスダイナミック（MID）と呼んでおり、「次第に眩しく輝く」「燃えて焦げていく」「金属に錆が広がる」などの動的な表現も可能となります。

　もちろん、本書でマテリアルインスタンスを扱う際に、ここまでに記した細かな定義や言葉を正確に理解している必要はありません。Unreal Engineにおいてマテリアルを柔軟に変更、反映できるのはマテリアルインスタンスという仕組みによるものだと理解しておきましょう。

• ディフューズテクスチャ

3つのテクスチャのうち、タイトルに「D」と添えられたものが**ディフューズテクスチャ**です。ディフューズはマテリアルの色や模様、柄の情報を持ったテクスチャです。

図 7-15 ディフューズテクスチャ

• ノーマルテクスチャ

タイトルに「N」が添えられているものは**ノーマルマップテクスチャ**です。

ノーマルとは法線、つまり面の向きを意味し、そのマテリアルの凹凸を影によって表現するためのものです。3Dの空間で向きを表現するためにXYZ軸各方向の情報をRGB（赤緑青）の色の情報で管理をしています。押さえておきたいポイントはノーマルマップテクスチャの情報はRGB3色の情報すべてが必要ということです。

図 7-16 ノーマルマップテクスチャ

• ORDpテクスチャ

Surfacesアセットのテクスチャの中には「ORDp」と名前のついたものが存在します。それぞれは言葉の略記号を表しています。

O（アンビエントオクルージョン：Ambient Occlusion）は、周囲の環境によってできる影のことです。具体的にはモデルに存在する窪みに対して影を落とします。

R（ラフネス）は粗さです。粗さは、物体表面での光の散乱を決めています。

Dp（ディスプレイスメント）は変位を意味し、モデルの凹凸を創り出すものです。

ノーマルマップテクスチャは面の向きの情報で影をつくり凹凸感を表現するのに対して、ディスプレイスメントではメッシュそのものに凹凸を与える点が異なります。

図 7-17 ORDpテクスチャ

● テクスチャのRGBチャンネル

ORDpと書かれたテクスチャは、上記3つの情報がRGB
チャンネルに順番に保存されていることを意味しています。
この後の工程で、マテリアルエディタ内でテクスチャを扱っ
ていくと、「チャンネル」という概念が出てきます。

テクスチャにはRGBの3つのチャンネルがあり、ORD p
テクスチャであれば、アンビエントオクルージョンはRチャ
ンネルに、ラフネスはGチャンネルに、ディスプレイスメン
トはBチャンネルに保存されています。

初めのうちによく勘違いされますが、RGB、つまり赤緑
青といった色に意味はありません。色そのもの情報が重要な
のは、見た目の色味を表現しているディフューズテクスチャ
です。次に取り組むマテリアルエディタの作業でRGBチャ
ンネルの使い方を学んでいきます。RGBに色の意味に引き
ずられないようにしておくと理解がスムーズです。

図 7-18　マテリアルエディタ内
のテクスチャノードとチャンネ
ル

7-2 ランドスケープマテリアルを自作しよう

7-2-1 ランドスケープマテリアルの作成

　プロジェクト上で Ctrl + Space を押下してコンテンツドロワーを起動します。左側のフォルダの階層画面で**コンテンツ**を選択しましょう。コンテンツドロワー上で右クリックしマテリアルを選択します。

図 7-19　マテリアルの追加

　追加したマテリアルを右クリックして名前変更、または F2 を押して、「MyLandscapeMaterial」と変更します。

　名前が変更できたらダブルクリックします。マテリアルエディタが別画面で起動するはずです。エディタ右側は**ノード**と呼ばれる要素を繋いでどんなマテリアルなのかを決める作業エリア、マテリアルグラフです。左側には編集しているマテリアルのプレビューと詳細パネルで各ノードの持つパラメータの編集が可能です。

マテリアルグラフ上での操作は以下のように行うことができます。

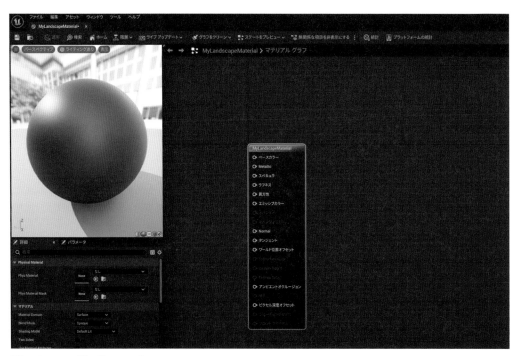

図 7-20 マテリアルエディタ

表7-1 マテリアルエディタの基本操作

左クリック	ノードの選択
左ドラッグ	ノードの移動
右クリック	新規ノード追加
右ドラッグ	ビューの移動
ホイール回転	ズーム
Alt ＋左クリック	ノードの接続解除

　ノードとはマテリアルを構成する一つ一つの機能を持った箱のようなものです。マテリアルエディタではノードを接続していくことで最終的な見た目をつくっていきます。

✅ マテリアルグラフのホーム位置

もしマテリアルグラフでノードの集まりを見失ってしまったら、エディタ上部のホームボタンを押して元の位置に戻りましょう。

図 7-21 ホームボタン

7-2-2 レイヤー付きランドスケープマテリアル

ここまでにもランドスケープマテリアルを扱ってきましたが、中身は例えば「草だけ」といったたった一つの材質を持ったマテリアルでした。ランドスケープ機能により地面のメッシュにマテリアルを適用していく際、草だけでなく、砂、土、岩、雪などさまざまなマテリアルを塗り分けていく必要があります。

塗り分けを行うにはマテリアルにレイヤー機能を設ける必要があり、LayerBlendノードを使用してマテリアルをイチから構築していかなければなりません。

図 7-22 塗り分けイメージ

● LandscapeLayerBlendノードの追加とレイヤー設定

まず、マテリアルグラフの上で右クリックしノードの検索画面を呼び出します。検索欄に「Land」と入力し、LandscapeLayerBlendを選択します。

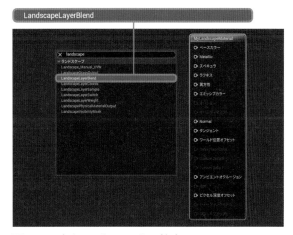

図 7-23 右クリックでノードの検索

追加できたらLayerBlendノードを選択して画面左下の詳細パネルを確認します。

Material Expression Landscape Layer Blendの中にあるプラスボタンをクリックして、マテリアルにレイヤーを追加します。インデックス0〜7の全部で8つのレイヤーを用意しましょう。

図 7-24　LayerBlendノードの詳細パネル

レイヤーの追加が終わるとLayerBlendノードにはLayerNoneと書かれた入力ピン（丸印）が8つ生成されます。

詳細パネルの各レイヤーを開くとLayerNameが設定できます。図7-25のように変更しましょう。名前が変更されるとLayerBlendノードにも反映されます。

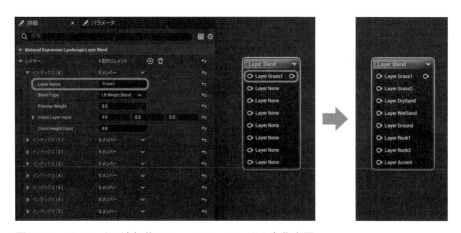

図 7-25　インデックス追加後のLayerBlendノードと名称変更

ここまで作業できたらマテリアルを保存しましょう。左上の保存ボタンをクリックします。

図 7-26 マテリアルの保存

● テクスチャの取り込みと接続

次はテクスチャをマテリアルエディタ内に取り込みましょう。Ctrl + Space でコンテンツドロワーを開きます。

コンテンツ→Megascans→Surfacesと進み、インポートした各テクスチャが保存されたフォルダを順番に開いて作業しましょう。

まずは、草のSurfaceアセットを例に進めていきます。インデックス0のマテリアルは島全体のベースとなります。2種類用意した草のアセットの内、よりオーソドックスなSurfaceアセットを割り当てましょう。ディフューズ、ノーマル、ORDpの3つのテクスチャを Shift を押しながら複数選択し、マテリアルエディタ内のマテリアルグラフ上にドラッグ&ドロップします。すると、Texture Sampleノードが3つ追加されます。

各テクスチャの種類はプレビュー画像で確認することができます。

Texture Sampleノードを選択して、詳細パネルのマテリアルエクスプレッションテクスチャースペースのTexture欄でテクスチャ名を確認することができます。

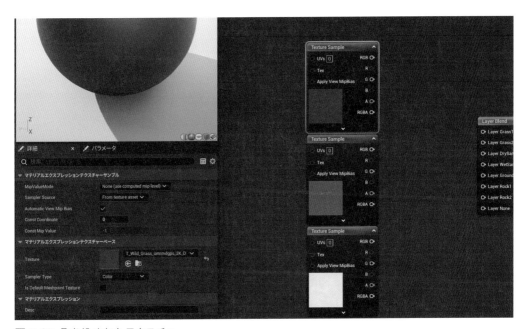

図 7-27 取り込まれたテクスチャ

✅ 本書におけるノードの呼称

以後、例えばディフューズのTexture Sampleノードのことをディフューズノードと呼んでいきます。

179

ディフューズノードのRGBの出力ピンからMyLandscapeMaterialノードのベースカラーへ入力します。左ドラッグでワイヤーを伸ばしドロップして接続しましょう。

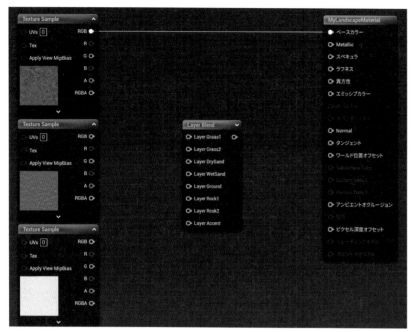

図 7-28 ディフューズノードとマテリアルの結果ノードの接続

マテリアルエディタ左上のプレビュー画面では繋いだディフューズテクスチャを球体の表面に確認することができます。

図 7-29 マテリアルのプレビュー

これが、ノードを繋げることによりマテリアルつくる最も基本的な作業です。

さて今回は、LayerBlendノードを用いて複数のテクスチャをベースカラーに接続していきます。ディフューズテクスチャをLayerBlendノードにある**入力ピン**へ接続します。

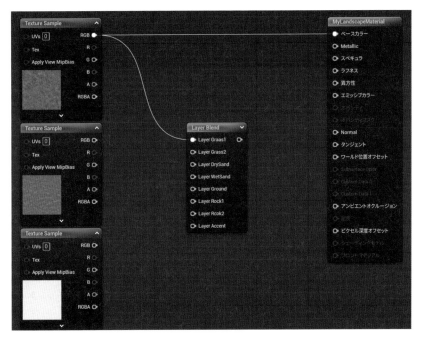

図 7-30　テクスチャとLayerBlendの接続

✅ ワイヤーの解除

先程繋いだワイヤーはAlt+左クリックで解除できます。

このときレイヤーの名前と接続するディフューズテクスチャの種類が一致していることを確認してください。

インデックス 0	Grass1
インデックス 1	Grass2
インデックス 2	DrySand
インデックス 3	WetSand
インデックス 4	Ground
インデックス 5	Rock1
インデックス 6	Rock2
インデックス 7	Accent

今回はGrass1のテクスチャなので一番上の入力ピンに接続しています。
LayerBlendノードからマテリアルの結果ノード(茶色のノード)のベースカラーへ接続します。

CHAPTER 7　地面のマテリアルをつくろう

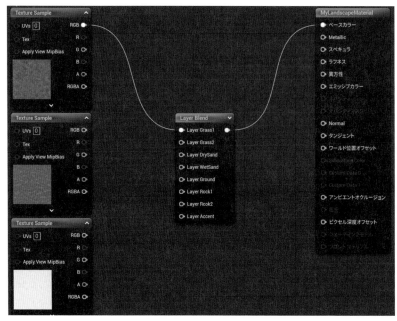

図 7-31 ベースカラーへの接続

　ディフューズテクスチャと同様にノーマルマップテクスチャも接続します。LayerBlendノードを Ctrl + C でコピーして、Ctrl + V で貼り付けして複製します。

　ノーマルマップテクスチャのRGBの出力から新しいLayerBlendノードに繋ぎましょう。その後LayerBlendノードからマテリアルの結果ノードのNormalに接続します。

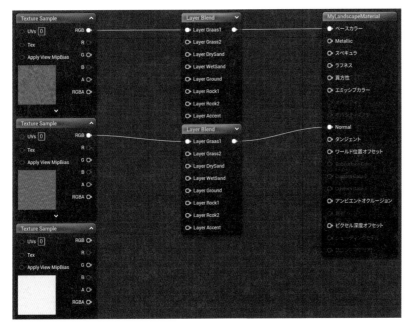

図 7-32　ノーマルマップの接続

● ORDpテクスチャの接続方法

　ここまでに解説した通り、テクスチャの名前にORDpとついたものはアンビエントオクルージョン、ラフネス、ディスプレイスメントの3つの情報を持ったテクスチャです。

　今回はアンビエントオクルージョンとラフネスの情報を利用します。ディスプレイスメントはメッシュの実際の凹凸をつくるためのものなので使用しません。各情報はRGBのチャンネルに分けられて保存されています。ここではRBGの色の意味を意識する必要はありません。

　アンビエントオクルージョンはRチャンネル、ラフネスはGチャンネル、ディスプレイスメントはBチャンネルに情報が入っています。この対応関係は「R・G・B」と「O・R・Dp」の文字の順番の対応で理解できます。

　まずは、LayerBlendノードを複製します。Ctrl + C でコピーして Ctrl + V で貼り付けできます。2度この操作を繰り返し、ラフネスとアンビエントオクルージョン用のノードを準備しましょう。

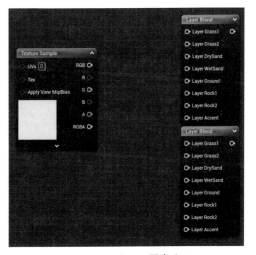

図 7-33　LayerBlendを2つ用意する

ORDpテクスチャのRチャンネルからLayerBlendノードに接続します。そのLayerBlendノードからMyLandscapeMaterialノードのラフネスへ接続しましょう。

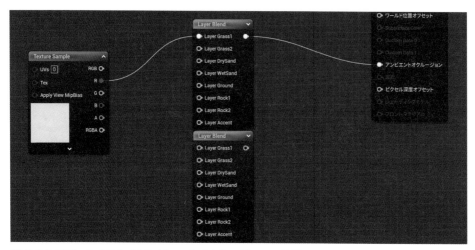

図 7-34 Rチャンネルからアンビエントオクルージョンへ接続

同様な流れでORDpテクスチャのGチャンネルから他のLayerBlendノードに接続し、MyLandscapeMaterialノードのアンビエントオクルージョンに繋ぎます。

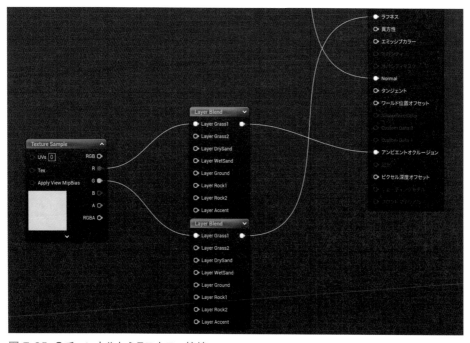

図 7-35 Gチャンネルからラフネスへ接続

接続後の状態は**図7-36**です。この接続状態が基本の形です。各レイヤーについて同じ作業を繰り返しましょう。

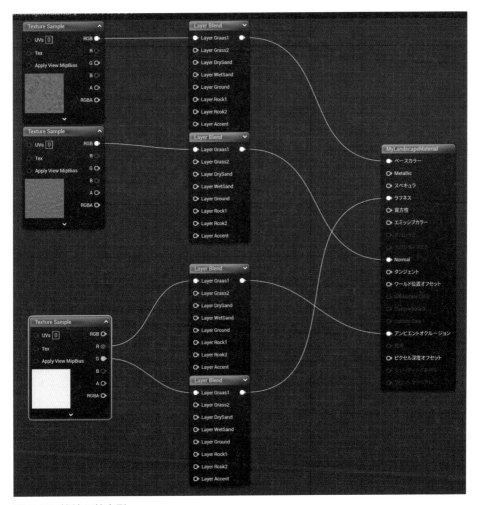

図 7-36 接続の基本形

作業を繰り返すと非常に多くのノードで溢れます。

以下のことに注意してノードの整頓をしておきましょう。

・LayerBlendノード、同じ種類のテクスチャノードは**横方向の位置を揃える**（一括設定する際にボックス選択しやすいため）。

・ディフューズ、ノーマルマップ、ORDpテクスチャの**横方向の位置をずらしておく**（ノードが重ならないようにするため）。

なお、DrySandとWetSandは同じテクスチャを用いて同じ接続状態にしてください。以降の節で見た目に差を持たせるために細かな設定をしていきましょう。

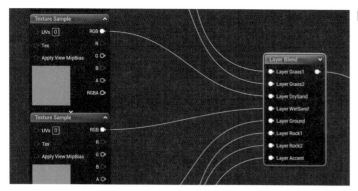

図 7-37 DrySnd と WetSand
には同一テクスチャを使用

作業が終わったら保存ボタンを押しておきましょう。

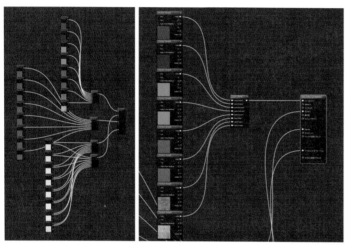

図 7-38 ノードの作成例

ノードの整頓   ベースカラー部分拡大

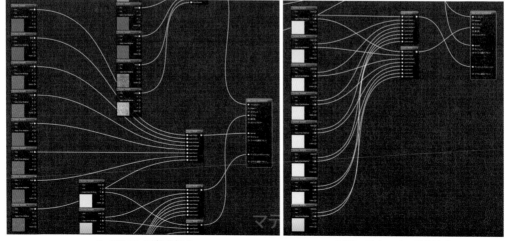

ノーマルマップ部分拡大   ORDp テクスチャ部分拡大

7-3 マテリアルをカスタマイズしよう

7-3-1 スペキュラの設定

マテリアルにはスペキュラと呼ばれる設定項目があります。これは反射する光の強さ、つまり輝きや明るさに関係した項目です。正確には鏡面反射する光を指しています。

スペキュラがどのようにマテリアルの見た目に影響するのか確認してみましょう。

● マテリアルインスタンスのパラメータ

一度コンテンツドロワーを開きます。（Ctrl＋Space）コンテンツ→Megascans→Surfaces の中にあるアセットフォルダを開きます。頭にMIと名付けられたマテリアルインスタンスをダブルクリックしてエディタを立ち上げましょう。

7つの素材がありますがどれを選んでも構いません。

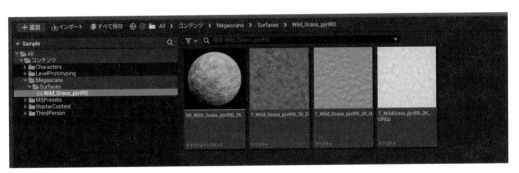

図 7-39 マテリアルインスタンス

エディタが立ち上がると左側に大きくマテリアルのプレビューが、右側には設定パラメータが並んでいます。

右側のパラメータからBase Specularを探し出しましょう。チェックを入れて有効化しましょう。

図 7-40　マテリアルインスタンスのエディタ

マテリアルプレビューを確認しながら値を変えてみましょう。大きな値であるほど明るく輝くのがわかるはずです。

Base Specular　1.0　　　　　　Base Specular　0.1

図 7-41　スペキュラの値によるマテリアルプレビューの違い

スペキュラがどのような役割を持っているか確認ができたらBase Specularのチェックは外して構いません。

再びMy Landscape Materialを開きましょう。マテリアルエディタ上部にタブが出ているはずですので選択して切り替えます。

図 7-42　上部タブからMyLasndscape
Materialに切り替え

● ランドスケープマテリアルのスペ
キュラとConstantノード

　今回のランドスケープマテリアルに
もスペキュラをレイヤー毎に個別に設
定していきます。まずはLayerBlend
ノードを複製しましょう。

　その後、LayerBlendノードをスペ
キュラに接続します。

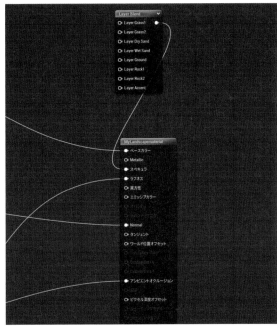

図 7-43　スペキュラへの接続

　新規にConstantノードを追加しま
しょう。シンプルな数値（定数）を設
定できる基本的なノードです。右ク
リックし検索欄にconstantと入力し
追加します。

　どの入力ピンでもよいので
LayerBlendに接続しましょう。

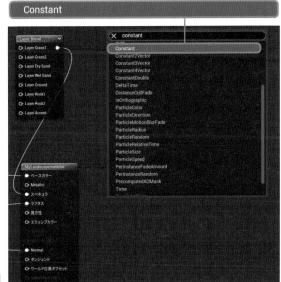

図 7-44　Constantノードの追加

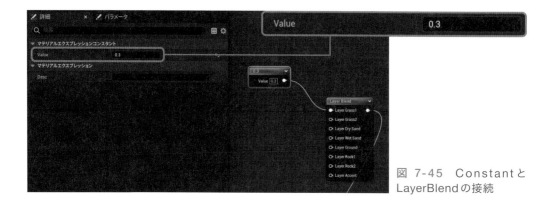

図 7-45 Constant と LayerBlend の接続

　Constant ノードを選択して詳細パネルを確認します。**Value** に数値を入力するとエディタ上でもノード名が合わせて変わります。Constant ノードによってスペキュラに値を割り当てることができ、今回は LayerBlend ノードによってレイヤー毎にその値を変えることができるわけです。

　最後に WetSand レイヤーに Constant ノードを用意して設定を行います。**濡れて輝くマテリアル**にするために必要です。

　作業が終わったら保存ボタンを押しておきましょう。

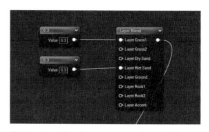

図 7-46 WetSand のスペキュラ設定

● プレビューウエイト

　スペキュラをはじめとしたマテリアル設定の結果はエディタ上のプレビュー画面で確認できます。ここまでに設定した LayerBlend ノードをすべて選択しましょう。**左ドラッグでボックス選択**すると楽です。

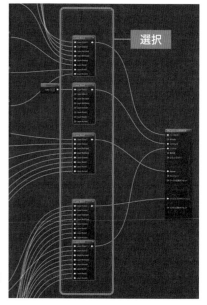

図 7-47 LayerBlend ノードのボックス選択

次に詳細パネルの各インデックスを開き PreviewWeight を確認します。

PreviewWeight はマテリアルプレビュー上にどのレイヤーをどのくらい表示するかを決めています。

全レイヤーのうち1つだけ PreviewWeight が1.0でその他が0.0に設定されていれば1.0に設定したレイヤーのみがプレビュー画面に表示されます。複数のレイヤーに0以外の値が設定されていれば、その割合で混ぜられたマテリアルがプレビュー画面に表示されます。

LayerBlend ノードを使用している場合には、1つのマテリアルの中に複数のテクスチャが使われます。マテリアルの見た目を確認する際には PreviewWeight に注意しましょう。

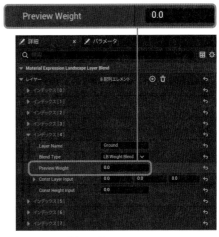

図 7-48 詳細パネルの Preview Weight

☑ マテリアルプレビューの不具合

さて、PreviewWeight についての解説を済ませましたが、ここで一つ問題があります。本書執筆時点の Unreal Engine 最新バージョンは5.1.1ですが、おそらくあなたのプレビュー画面には真っ黒な球体のみが表示されており、設定変更をしても実際にどのように見えるのかプレビューで確認することができないでしょう。

Unreal Engine5 のアーリーアクセスバージョンの頃はこのような問題はありませんでした。一時的な問題で、バージョンアップによっていずれ解消すると思われますので気にせず進んでください。

スペキュラの設定等を変更する際、見栄えを確認するには、ここまでに紹介したようにマテリアルインスタンスの編集画面で行いましょう。以前に Base Specular を変更しましたね。

図 7-49 プレビューが真っ黒になる不具合（バグ）

7-3-2 ラフネスの設定と四則演算ノード

● WetSand レイヤー

ここではラフネスをレイヤーで個別に変更することにより、水にぬれた砂浜のレイヤーをつくってみましょう。

現在、DrySandとWetSandは全く同じSurfaceアセットを用いて同じ接続がされた状態です。WetSandのみラフネスの値を変更し水分を多く含んだ砂浜のレイヤーをつくります。

ラフネスはテクスチャのGチャンネルからレイヤーブレンドに接続しています。Gチャンネルから出力されている情報はラフネス（表面の粗さ）の数値情報です。

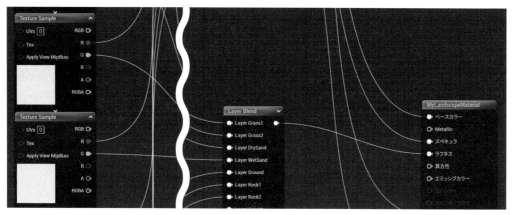

図 7-50　Gチャンネルとラフネス

四則演算、例えばMultiply（乗算、掛け算）を使用すれば、テクスチャの持つ値を大きくしたり小さくしたりしてLayerBlendノードへ入力することができます。粗さが小さくなれば光の散乱が弱まり、表面がつるっとして輝きを放つようになります。

● Multiply（乗算）ノード

LayerBlendノードの脇で右クリックし、検索を活用してConstantノードとMultiplyノードを追加します。

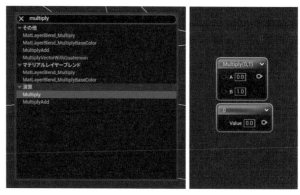

図 7-51　Multiplyノードの追加　　図 7-52　Constantと Multiplyノード

　MultiplyはA、Bの2つの入力値を掛け合わせ出力します。WetSand用のORDpテクスチャのGチャンネルからMultiplyの入力Aに、constantノードから入力Bに繋ぎ、Multiplyの出力からLayerBlendノードへ接続します。

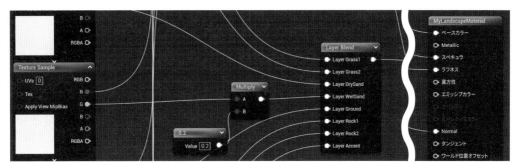

図7-53　WetSand、Multiply、LayerBlendの接続

　Constantノードを選択して詳細欄でValueを変更します。仮の値として0.2にしておきましょう。これで、テクスチャがGチャンネル持っているラフネスの値に0.2を掛けて個別に調整できるようになりました。

図7-54　ConstantノードのValueの変更

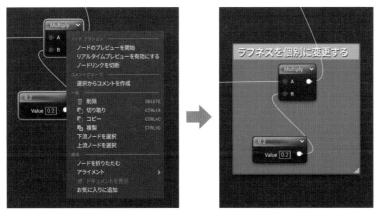

図7-55　コメントの作成

　作業が終わったら保存ボタンを押しておきましょう。

ラフネスの変更が見た目に与える影響を知るには、スペキュラで行ったようにマテリアルインスタンスのエディタで確認することができます。WetSandに使用している砂のSurfaceアセットのマテリアルインスタンスを開きましょう。

図 7-56 砂のマテリアルインスタンス

図 7-57 マテリアルエディタ

マテリアルエディタを開いたらパラメーター一覧からRoughnessを探し出し、MaxRoughnessを有効化します。値に例として0.2を設定しましょう。

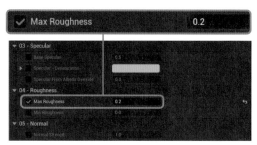

図 7-58 MaxRoughnessの設定

ラフネスの最大値を小さな値に制限すると砂の表面にツヤが確認できます。この見た目の変化により砂浜で乾いた砂と濡れた砂を同じテクスチャから使い分けることが可能になります。

MaxRoughness 0.2 　　　　 MaxRoughness 1.0

図 7-59 MaxRoughness の値による違い

　以降の工程で地形に WetSand レイヤーをペイントして（塗って）いく際に値の微調整をしても構いません。

7-3-3 レイヤー情報と共有ラップ

● LandscapeLayerCoords ノード

　ここまでに複数のレイヤーを用意して、異なるテクスチャや Multiply による値の編集を用いて各レイヤーのマテリアル設定を行いました。

　次はこれらのレイヤーがランドスケープメッシュ上で綺麗に塗り分けられるよう準備をしていきます。マテリアルグラフ上で右クリックし、検索欄に landscape を入力して、検索結果から LandscapeLayerCoords を選択しましょう。

図 7-60 LandscapeLayerCoords を検索

　赤と緑のプレビュー画像の付いたノードが追加されます。このノードはテクスチャの位置を管理するノードです。

　2次元テクスチャ上の位置情報のことを一般に UV と呼びます。これは数学でよく出てくる XY（ヨコ・タテ）と全く同じ意味です。LandscapeLayerCoords ノード上の赤緑（RG）は UV や XY と同じ意味合いです。

赤と緑の色そのものには意味はなく、横方向が赤色、縦方向が緑色、混ざると黄色といった具合に色で位置を表現しています。UV、XY、RGと同じ概念でも異なる表現がされているので混乱しやすいですが予備知識として押さえておきましょう。

図 7-61 LandscapeLayerCoords ノード

それではLandscapeLayerCoords ノードからすべてのテクスチャのUVs入力ピンに接続しましょう。

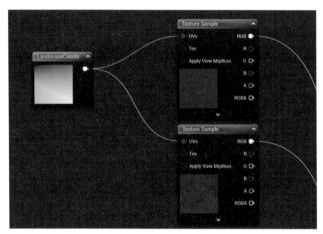

図 7-62 すべてのUVsに接続する

LandscapeLayerCoords ノードは複数あってもいいですし、たった一つからすべてのテクスチャに接続しても構いません。

作業が終わったら保存ボタンを押しておきましょう。

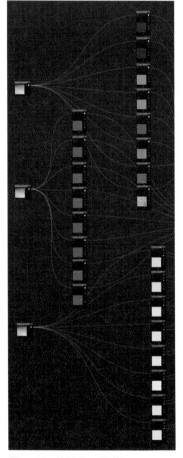

図 7-63 接続後の状態

● スケーリングのマッピング

LandscapeLayerCoords ノードをすべて選択します。

詳細パネルを確認すると、スケーリングのマッピングという設定項目があります。これは用意したテクスチャが地形のメッシュに塗られる際の縮尺を決める項目です。仮の値として20を入力しておきましょう。

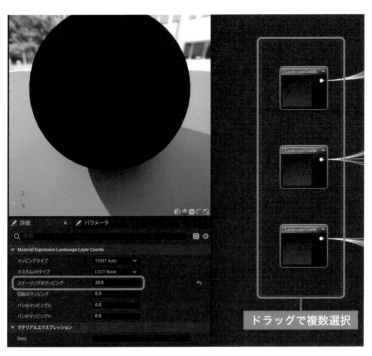

図 7-64　複数選択とスケーリングのマッピング

　実際にこの後のペイント工程でメッシュ上のテクスチャを確認して、このスケーリングのマッピングを調整します。覚えておきましょう。

　マテリアルの作成はこれで完了です。マテリアルエディタ上部の適用ボタンを押しましょう。併せて、隣にある保存も行いましょう。

図 7-65　保存と適用

● レイヤー情報

　マテリアルエディタを最小化して元のエディタに戻ります。**選択モード**の状態でアウトライナーから Landscape を選択します。

　詳細パネルでランドスケープマテリアルに **My Landscape Material** を設定しましょう。

図 7-66 Landscape の選択

図 7-67 詳細パネル
MyLasndscapeMaterial を適用

次にエディタのモードを**ランドスケープモード**に切り替え、**ペイントモード**を開きます。ターゲットレイヤーのレイヤーを開くとここまでに用意した複数のレイヤーが存在しているはずです。

図 7-68 レイヤー一覧

このレイヤーをクリックして選択してメッシュの上を塗り分けていきますが、このままでブラシが赤く表示されてエラーメッセージが表示されます。またランドスケープメッシュも真っ黒で正しく表示されていません。

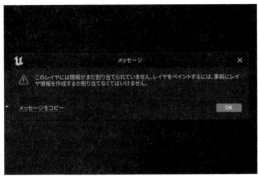

図 7-69 赤いブラシとエラーメッセージ

図 7-70 真っ黒なランドスケープメッシュ

複数のレイヤーでメッシュを塗り分けるにはレ
イヤー情報が必要です。これは各レイヤーでペイ
ントした情報の保管場所とも言えます。レイヤー
情報を用意するには、各レイヤーの右端にあるプ
ラスボタンをクリックし、**レイヤー情報を作成す
る→ウエイトブレンドレイヤ（法線）**と進みます。

図 7-71 ウエイトブレンドレイヤ（法線）の選
択

レイヤー情報の保存先を聞かれます。一度キャンセルして、コンテンツドロワー上に専用の
フォルダを用意しておきましょう。
　今回は最上部のAllの一つ下、コンテンツフォルダの中にLayerInformationフォルダを作成
します。**右クリックから新規フォルダ**を選択してフォルダを作成します。

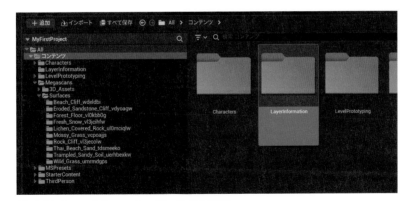

図 7-72 LayerInformationフォルダの用意

　改めてレイヤーのプラスボタンから**レイヤー情報を作成する→ウエイトブレンドレイヤ（法
線）**と進み、今作成したLayerInformationフォルダを保存先に指定します。

図 7-73　レイヤー情報の保存場所の指定

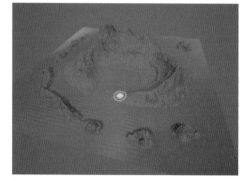

レイヤー情報を保存したレイヤーは選択するとブラシが白色になりペイントすることができます。

図 7-74　レイヤー情報作成後のランドスケープメッシュ

それでは、用意したすべてのレイヤーに対してレイヤー情報の作成を行いましょう。プラスボタンの色がすべてグレーアウトすれば完了です。

レイヤー情報が用意できるとランドスケープメッシュの上で各レイヤーを塗り分けることができます。

ペイントしたいレイヤーを選択して試し塗りしてみましょう。

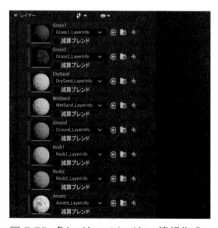

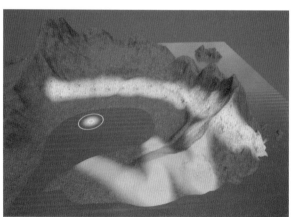

図 7-75　各レイヤーのレイヤー情報作成　　図 7-76　レイヤーを選択して試し書き

試し書き後は Ctrl ＋ Z でもとに戻します。その後プロジェクトを保存しましょう。

● 共有ラップ

非常に多くのsurfaceアセットをLayerBlend
ノードで混ぜ合わせると、ビューポート上で市
松模様が表示されて綺麗に塗り分けられないこ
とがあります。

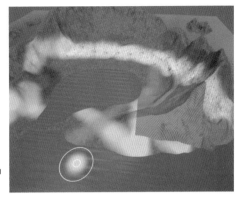

図 7-77 ペイント作業中
に残る市松模様の例

これを対策するため共有ラップと呼ばれる作業が必要です。
もう一度 My Landscape Material のマテリアルエディタを開きます。

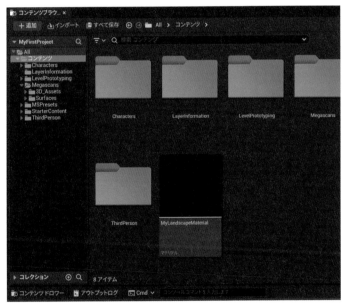

図 7-78 MyLasndscapeMaterial のマテリアルエディタ

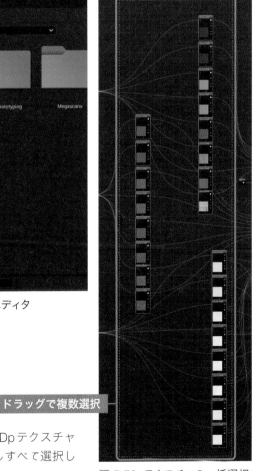

ドラッグで複数選択

まず、ディフューズ、ノーマルマップ、ORDpテクスチャ
のすべてを左ドラッグでボックス選択を活用しすべて選択し
ます。

図 7-79 テクスチャの一括選択

201

　詳細パネルのマテリアルエクスプレッションテ
クスチャーサンプルにある**SamplerSourceを共
有ラップ**に変更します。

図 7-80　詳 細 パ ネ ル
SmaplerSource の変更

　こうすることで非常に多くのテクスチャを使用することができます。広大なランドスケープ
メッシュにテクスチャを繰り返し表示する必要がある場合はラップを選ぶ必要があります。似
たものに共有クランプがありますが、テクスチャが繰り返されませんので選択しないよう注意
してください。
　これでペイントの準備が完了です。改めてマテリアルエディタで**適用**と**保存**をしてペイント
工程に進みましょう。

☑ **使用するテクスチャと処理負荷**

　使用するテクスチャは少ない方が処理が軽くなります。むやみに増やし過ぎないことも大切です。

　この時点で画面左上に**ランドスケープ物理マテリアルの再ビ
ルドが必要です**という警告メッセージが出ている場合は、上部
メニューの**ビルド**→**物理マテリアルのみをビルド**を選択しま
す。

図 7-81　警告メッセージ

物理マテリアルのみをビルド

図 7-82　物理マテリアルのみをビルド

CHAPTER 8

ランドスケープのペイントで島を色付けよう

この章では、地形をペイントする方法について学びます。
最初に、ペイントに必要な基本設定と操作を学びます。
その後、スケーリングのマッピングや質感の調整を行い、
砂浜、崖、地層、草などの地形要素を追加していきます。
また、ノイズやスムーズなどのツールを使った細かい調
整や、道の作成やノイズによるアクセントの加え方も学
びます。地形制作の基礎を身に付けることができます。

8-1 ペイントの基本設定と基本操作を覚えよう

8-1-1 レイヤーの試し塗り

ペイントには**ペイント**、**スムーズ**、**平坦化**、**ノイズ**、**ブループリント**の5つのツールが備わっています。

これらのツールの設定項目はスカルプトモードとよく似ているので理解しやすいでしょう。本書では主に使うペイント、スムーズ、平坦化、ノイズの4つのツールを紹介します。

図 8-1　ペイントモードの5つのツール

DrySandレイヤーを選択してペイントツールで試しに塗ってみます。ペイント時は、ツールの強度、ブラシサイズ、ブラシフォールオフの3つを適宜変更しましょう。

図 8-2　ペイントしたいレイヤー　DrySandを選択

序盤はフォールオフ（減衰）を0にして大まかにペイントし、終盤の微調整に入るとフォールオフを1にすることが多くなります。細かなコツは後に解説しましょう。

Shift を押しながらペイントすれば選択レイヤーへの影響を反転させることができます。「塗る」のではなく「消す」に切り替わるということです。

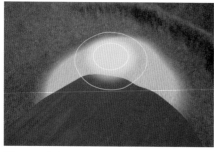

図 8-3 左クリックまたはドラッグで塗る

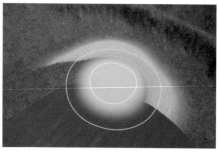

図 8-4 Shift ＋左クリックまたはドラッグで削除

ターゲット値を使用は狙った値でペイントできる機能です。

例えばGrass1レイヤーが100%の場所にターゲット値**0.2**でDrySandをペイントすることで、Grass1レイヤーとDrySandレイヤーが**8:2**で混ざります。

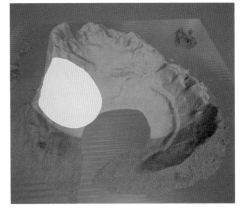

図 8-5　Grass1をDrySand0.2でペイント

✅ **アイコンがクエスチョンマークに変わってしまう**

ペイントを行っているとレイヤーのアイコンがクエスチョンマークに変わってしまうことがあります。

特に問題なく作業を進めることができますので、気にせず進めてください。

図 8-6　レイヤーアイコンがクエスチョンマーク

8-1-2 スムーズと平坦化とノイズ

・スムーズツール

2つのレイヤーの境界ができたらスムーズツールを使って境界を馴染ませることができます。

図 8-7　スムーズツール

スムーズの効果を確かめるために、ペイントツールでブラシサイズを小さくして、DrySandレイヤーを選択した状態で細かなジグザグを描きます。

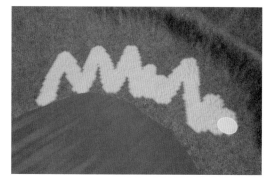

図 8-8 ペイントでジグザグを描く

スムーズツールに切り替え、スムーズしたいDrySandレイヤーを選択して左ドラッグして左から右へ横断します。ほとんどの場合、ツールの強度とブラシのサイズ、フォールオフで十分な調整が可能です。

フィルタのカーネル半径は、**詳細を残すかどうか**とよく説明されますが、実際のところツールの強度と同様にスムーズの強さに関係すると考えておくといいでしょう。値が大きいほど強くスムーズされます。設定を変えながら確かめてみましょう。

作業を終えたら Ctrl + Z で操作を戻し、パラメータを変更して異なる条件でスムーズを行います。

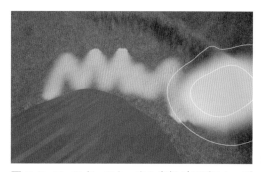

図 8-9 フィルターのカーネル半径1(ほぼスムーズされない)

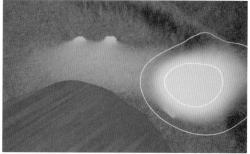

図 8-10 フィルターのカーネル半径7

詳細なスムージングも細かな形状を残すかどうかを決めています。

値が大きい場合、スムーズを掛けた後の境界線はぼやけますが、値が小さい場合には境界線が比較的残ります。カーネル半径同様、実際の作業の中ではツール強度との違いを感じにくいかもしれません。

図 8-11 詳細なスムージングを有効化

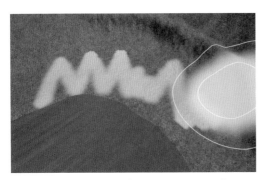

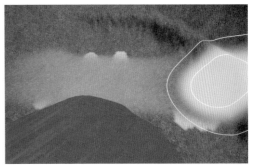

図8-12 詳細なスムーズ　0.3　ほんのりぼやける
のみ

図8-13 詳細なスムーズ　0.99　強くスムーズさ
れる

📝 スムーズの効果

　スムーズは選択レイヤーを薄める働きがあります。他のレイヤーとのバランスによって見え
方が異なることに注意しましょう。

● 見た目の不具合を改善する方法

　複数のレイヤーにまたがってスムーズツールを使っていくと、消えてほしくないレイヤーが
消失してしまう、あるいは部分的に意図しないレイヤーが浮き出てしまうことがしばしば起こ
ります。

　例としてGrass1、DrySand、Rock1の3つのレイヤーが混在する場所があるとします。

CASE 1　消えてほしくないレイヤーが消失する

　Grass1をベースとして、DrySandとRock1
をペイントツールで塗り重ねます。

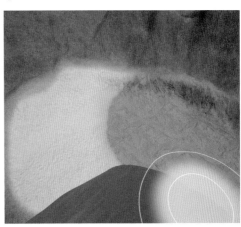

図8-14 3つのレイヤーを重ねる

スムーズツールに切り替えます。**Rock1
レイヤー**を選択して3つのレイヤーが重なっ
た箇所をスムーズしてみると**DrySand**レイ
ヤーが消えてしまいました。

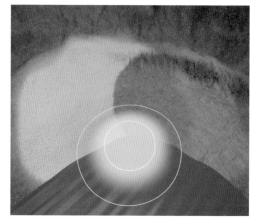

図 8-15 DrySandが消える

Ctrl + Z で操作を戻しましょう。
今度は**DrySandレイヤー**でスムーズ
を行ってみましょう。

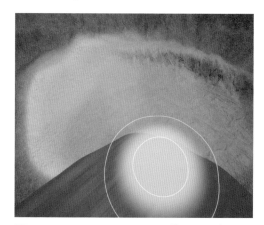

図 8-16 DrySandとRock1が綺麗に混ざる

この通り、どのレイヤーを選択してスムーズをかけるかによって自然に混ざるかは変わりま
す。

当然一定のルールに基づいて処理されているのですが、残念ながら直感的に理解しやすいも
のではありません。

筆者がこれまでさまざまなシチュエーションでスムーズ効果の検証してきた中で言えること
は、ルールを覚えるよりも「そのエリアに存在するレイヤーを選択してお試しスムーズを行い、
目視で確認する」に尽きます。実際に作業して検証したほうが圧倒的に早いのです。

CASE 2 意図しないレイヤーが浮かび上がる

あなたがスムーズツールを使用していると急に部分的に意図しないレイヤーが浮かび上がる
ことがあります。そのレイヤーはコンポーネント机上に合わせて矩形をしていたり、描いた覚
えのない筋が出現したり、モヤモヤとしたノイズ模様のように現れたりして一定ではありませ
ん。

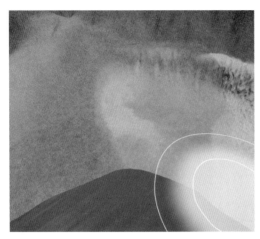

図8-17 作業中に現れたDrySandレイヤーのモヤモヤ

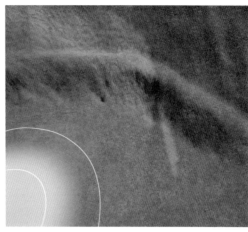

図8-18 描いた覚えのない謎の筋

こういった場合にどのレイヤーでスムーズを掛けるべきか判断するのは難しいでしょう。見えているレイヤーでスムーズすればいいかと言われるとそうではないからです。

「作業中に現れたDrySandレイヤーのモヤモヤ」についてはGrass1でスムーズすると周囲と馴染みました。

DrySandでスムーズした場合でも同様に自然に各レイヤーが溶け込みますがRock1では上手くいきません。この上手くいくかどうかをルールで覚えることは混乱の元であることが理解できたと思います。

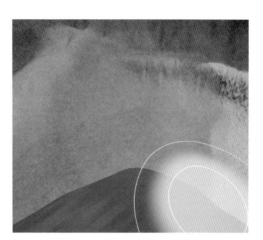

図8-19 Grass1でスムーズした結果

8-1-3 レイヤーごとの一括処理

次のツールの解説に進む前に一度ペイントを元の状態に戻します。ペイントモードでレイヤーを右クリックするとレイアアクションがでてきます。

Grass1は**レイヤーで塗りつぶす**、DrySandとRock1は**レイヤーをクリア**を選択しておきましょう。

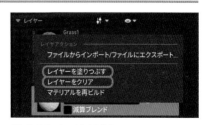

図8-20 レイアアクション

● 平坦化ツール

スカルプトにおける平坦化ツールはメッシュの高さを一定にする操作でした。ペイントにおいても直観的に似た作業が可能です。

図 8-21　平坦化ツール　デフォルト設定

例えばDrySandとRock1の2つのレイヤーが混ざった場所で左ドラッグを開始しマウスを動かせば、そのブレンド比率のまま周囲をペイントすることができます。ツールの設定はデフォルト状態で試してみましょう。

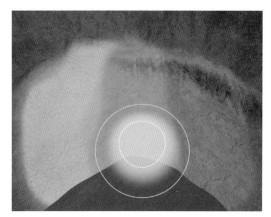

図 8-22　中央の混ざりあった場所から平坦化を開始

この時選択しているレイヤーによって平坦化の結果が異なります。

DrySandを選択して中央から左右を平坦化します。すると右側（Rock1側）の平坦化後の見た目は中央と同じになりますが、左側（DrySand側）は中央と全く同じになりません。

平坦化してレイヤーの強さを均一化しているのはDrySandなので、どんなにDrySandレイヤーを平坦化しても左側にRock1レイヤーが出現することはありません（もともとペイントしていないため）。

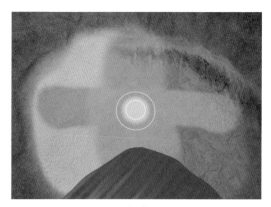

図 8-23　DrySandで平坦化

そこで、選択レイヤーをRock1に切り替えて左側を平坦化してみると、Rock1レイヤーの強さが左側にも均一化され、左、中央、右でそれぞれ同じ見た目になりました。

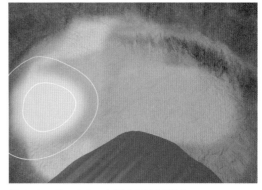

図 8-24　Rock1で左側を再度平坦化

　2つのレイヤーが混ざった場所を平坦化の開始点にすれば、2つが混ざった状態が周囲にコピーできると思いがちですが、実際には選択レイヤーの値のみが周囲にコピーされていることに注意してください。

　平坦化モードはスカルプト同様、Both、Raise、Lowerの3つで十分です。
　平坦化ツールで最初にクリックした位置の選択レイヤーの値を基準とします。それより値の小さい箇所のみに影響を与え、選択レイヤーを濃くするのがRaiseです。
　反対に、その点よりも大きい箇所のみ影響を与え、選択レイヤーを薄めるのがLowerです。
　モードごとの効果を確かめるためにペイントツールで異なるツールの強度でDrySandレイヤーをペイントします。左から0.1、0.3、0.5、0.7、0.9と切り替えて1回クリックしました。

図 8-25　0.1〜0.9までペイント

　その後平坦化ツールに切り替えます。各モードに切り替えながら、中央の円から左ドラッグを開始して左右に平坦化を行います。

図 8-26　中央から平坦化を開始

Raiseモードでは値を引き上げるのみなので、中央より濃くペイントされた右側には影響しません。

図 8-27　Raiseモードでは右側の円に影響しない

Lowerモードでは値を引き下げるのみなので中央から平坦化すると元々中央より薄い左側には影響せず、中央より濃い右側に影響を及ぼします。

図 8-28　Lowerモード

両方が起きてほしい場合にはBothを選択しましょう。中央から平坦化を行うと左右どちら側も中央と同じ濃さにレイヤーが塗られます。基本はBothを選んでおけばいいでしょう。

図 8-29　Bothモード

・ノイズツール

ノイズツールを使うと選択しているレイヤーにノイズ模様を使って部分的に加えたり、引いたりします。

図 8-30　ノイズツール

　ノイズの模様はノイズスケールで決定されます。ノイズスケールの影響を知るために値を非常に小さくしてみるとわかりやすいでしょう。

　ブラシサイズを十分大きくして、ツール設定のノイズスケールを変更して島全体にDrySandをペイントしてみましょう。

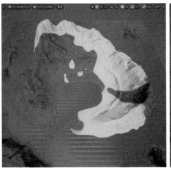
ノイズスケール　256

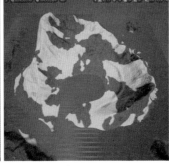
ノイズスケール　64

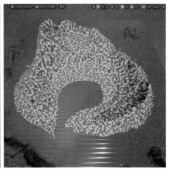
ノイズスケール　4

図 8-31　ノイズスケールの値による違い

　ノイズモードは、選択レイヤーを加えるのみ行うAdd、引くのみを行うSub、どちらも行うBothがあります。

　上手く使えば2つのレイヤーの境界を波打たせるように動きをつけることができます。本書ではノイズツールを、例えば砂浜と草むらの境界線を自然に混ぜるために使用します。他のペイントツールを使用すると直線的になりがちな境界線もノイズツールを活用することで細かく曲げることが可能です。

図 8-32　ノイズによって境界を波打たせる

　これでペイントの基本は以上です。Grass1レイヤー以外をクリアしてまっさらな状態に戻しましょう。

8-2 地形をペイントしよう

8-2-1 スケーリングのマッピング

もしかすると、ここまでにUnreal Engineのエディタが強制終了したかもしれません。ペイント工程では、ソフトがよく落ちるためこまめに保存する習慣を付けておきましょう。

作業しているレベルは Ctrl + S で素早く行うことができます。

ここから島全体を大まかに塗り分けていきます。ペイント作業を行っていると細かな部分が気になってきて、スムーズツールなどを使い、その場で直したくなるはずです。

しかし、ここでは我慢をして全体をざっくりと塗り分けることに集中しましょう。最初に詳細を詰めすぎると全体のバランスを取ろうとしたときにそれまでの作業が無駄になったり、他の作業の自由度を狭めてしまったりすることもしばしばです。

ランドスケープマテリアルを作成した際に、LandscapeLayerCoordsというノードでスケーリングのマッピングを調整しました。

図 8-33 スケーリングのマッピング

この設定項目はランドスケープメッシュ上に貼られる（塗られる）テクスチャサイズを決めています。

現在は仮の値として20が設定されているはずです。

一度、ゲームプレイをしてプレイヤーのサイズとテクスチャのサイズを相対的に比べてみましょう。

図 8-34 PlayerStartの選択

選択モードに切り替え、アウトライナーでPlayerStartを選択しましょう。

PlayerStartはゲームプレイと同時にプレイヤーが出現するポイントです。地面よりも高い位置に移動しておきましょう。

エディタ上部の▶を押してゲームをプレイします。プレイヤーが降り立ったら、キーボードの W 、 A 、 S 、 D で移動、 Space でジャンプすることができます。

周囲を見渡してプレイヤーのサイズと地面の模様（テクスチャ）のサイズを比較しましょう。おそらく人に対してテクスチャが大きすぎるはずです。

Esc 、または画面上部の■でゲームプレイを終了します。

図 8-35 PlayerStartを地面よりも上に配置する

図 8-36 ゲームプレイ中画面

マテリアルの編集に移りましょう。

Ctrl ＋ Space からコンテンツドロワーを立ち上げ、MyLasndscapeMaterialをダブルクリックします。

LandscapeLayerCoordsをすべて選択します。

詳細パネルでスケーリングのマッピングを3.0に変更します。マテリアルエディタ上部の適用と保存をクリックします。

図 8-37 LandscapeLayerCoords
の複数選択

改めてゲームプレイをして確認しましょう。

砂浜や崖をペイントした際にも改めて確認してみるといいでしょう。

ちなみに、LandscapeLayerCoordsを別々に用意すれば異なるスケールでテクスチャを表示することも可能です。

図 8-38　ゲームプレイで再確認

8-2-2 質感の調整

● 砂浜をつくる

それでは、ランドスケープモードに戻り、ペイント作業を進めましょう。

砂浜のレイヤーを選択します。最初に、水辺に近い平らな部分をわずかにペイントしましょう。

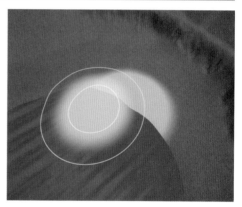

図 8-39　一部分だけペイントする

ペイントツールだけだとマウスドラッグの時間の長さによってレイヤーの濃さが不均一になります。

丁度よい見た目の一部分を使って、平坦化ツールを活用しながら砂浜の範囲を拡げます。こうすることで、場所によってレイヤーの濃さに差が生まれません。

周辺と馴染ませるのは後にまとめて行います。まずは砂浜がどのあたりまで広がっているかい目地できるように大まかにペイントを進めるのがポイントです。

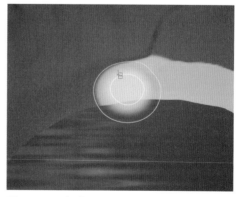

図 8-40　平坦化ツールで砂浜を均一に拡げる

● 水に濡れた砂浜をつくる

水に濡れた砂浜も同様に作成します。

濡れた砂浜を塗る前に、MyLasndscapeMaterialのスペキュラ、およびラフネスがそれぞれ設定できているかを確認しましょう。

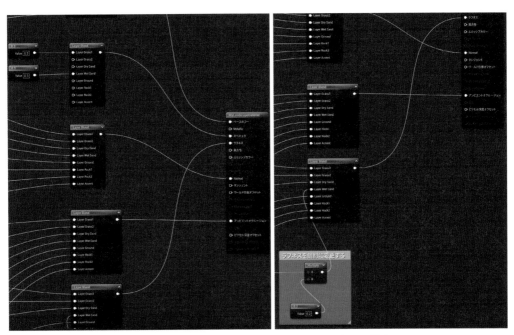

図 8-41 MyLasndscapeMaterial、WetSandのスペキュラとラフネスの設定

砂浜のうち、水際をWetSandレイヤーで塗り替えていきます。

図 8-42 WetSandでペイントする

ここでも平坦化ツールを活用して均一な濃さで範囲を広げていきましょう。

スペキュラの値やラフネスの値を変更することで輝き具合を調整することができます。例としてスペキュラを0.7に変更してみましょう。海に面した砂浜がより明るく輝くはずです。

図 8-43 スペキュラ 0.7に設定したときの見え方

● 崖を加える

海に対して切り立った場所は岩のレイヤーでペイントした方が自然です。ここでも大まかに塗り分けて島の全体を少しずつ決めていきましょう。

山の斜面もクリックを繰り返しながらRock1を混ぜていきます。

図 8-44 岩場や崖のペイント

● 地層を加える

崖の中腹にはRock2を混ぜてみましょう。地層の重なりをイメージして横方向にペイントしていきます。

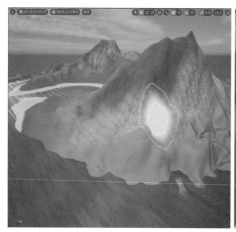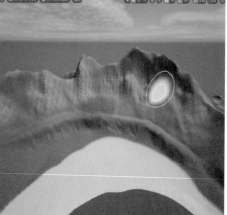

図 8-45 Rock2のペイント

• 草を加える

Grass2レイヤーも塗り重ねていきましょう。

島の中央にある高台の上や山の斜面の比較的緩やかな裾野に加えていきます。

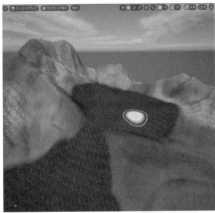
高台をペイントする

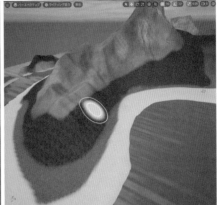
山の裾野をペイントする

図 8-46　Grass2のペイント

8-2-3 ツールを使った細部の調整

• ノイズの活用

砂浜、岩場、草むらを大まかにペイントすることができたら、ノイズとスムーズツールを使用して整えていきます。単にスムーズツールを使うだけでは、グラデーションで混ざってはくれるものの直線的であることは変わらず不自然さが残ります。

そこで、**ノイズツール→スムーズツール**の順に作業し、境界に動きをつけて波打たせ、スムーズツールで自然に馴染ませましょう。

ノイズツールで最も大事なのはノイズスケールです。ノイズモード**Both**であれば、選択中のレイヤーを加えたり差し引いたりすることでノイズ模様をつくり出すことができます。

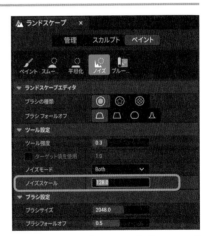

図 8-47　ノイズのツール設定　ノイズスケール

ノイズスケールが大きければ模様も大きくなるため、境界を緩やかに、大きな波のように曲げることができます。一方、スケールを小さくすれば小刻みに2つのレイヤーが交わるようになります。

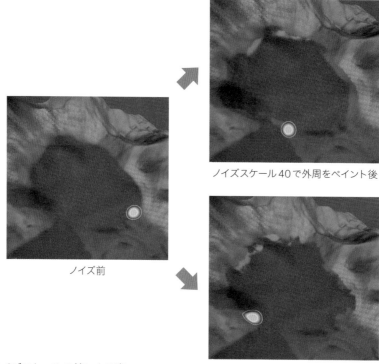

ノイズスケール40で外周をペイント後

ノイズ前

図 8-48 ノイズスケールの値による違い

ノイズスケール28で外周をペイント後

　ノイズスケールに正解はありませんが、作業時に変更しながら望む表現になるように調整しましょう。ブラシのサイズ、フォールオフも合わせて調整しましょう。周囲に影響を与えすぎないようにしたければ、サイズを小さく、かつフォールオフも設定したほうがいいでしょう。

　さぁ、ノイズツールに切り替えましょう。
　作業前にノイズスケールとブラシサイズの調整が必要ですが、以下設定例を参考にしましょう。

図 8-49 ノイズツールの設定例

　レイヤーはGrass2を選択しましょう。
　高台の上にペイントしたGrass2の外周をぐるりと一周ノイズを与えます。ノイズスケールやブラシのサイズ、ツールの強さを適宜調整して、他のレイヤーとの境界が波打つように編集しましょう。

その他、島にペイントしたGrass2と他のレイヤーとの境界にもノイズを与えていきましょう。Grass2レイヤーにノイズを与えると、部分的に砂浜や草のレイヤーが表に出てきます。

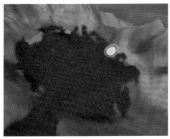
高台のGrass2にノイズを与える

島全体のGrass2にノイズを与える

Grass2によるノイズ直後の部分的な砂浜の露出

図 8-50 ノイズの作業風景

ほとんどの場合、露出した砂浜は、DrySandやWetSandレイヤーのスムーズにより解消するはずです。

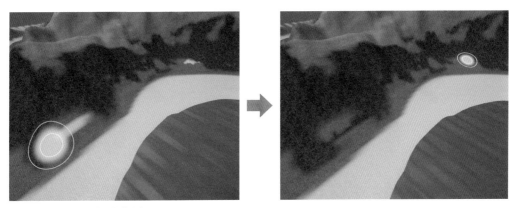

図 8-51 スムーズの作業例

● スムーズの活用
スムーズツールを使用する際のポイントは、ツールの強さとカーネル半径です。

図 8-52 スムーズツールのツール設定

あなたが初めてこの作業をすると、ほとんどの場合スムーズを強くかけ過ぎるでしょう。

十分に弱めて複数回かけて滑らかに混ぜていきます。カーネル半径はノイズでつけた波打つ動きをどれほど残すかをコントロールできます。残したい場合は値を小さくして作業しましょう。

さて、Rock2レイヤーも他のレイヤーとの境界が馴染むようにスムーズを行います。

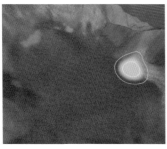

図 8-53　Rock2レイヤーのスムーズ例

• 道をつくる

丘の上や人が歩いた山道、獣道、などをペイントしていきます。

まずは、Rock1を選択し道の下にある崖の部分を岩でペイントし直しましょう。

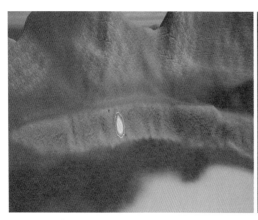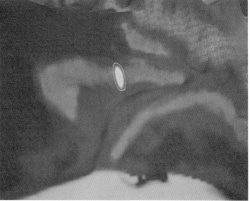

図 8-54　崖の側面のペイント例

次に崖の上面の平らな部分を道としてペイントしていきます。

Groundレイヤーを選択してブラシのサイズを十分小さくしましょう。

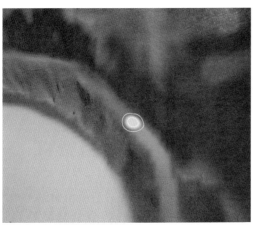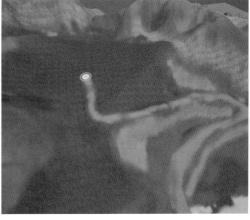

図 8-55　道のペイント例

　道のペイントのみでは他のレイヤーとの境界がはっきりしすぎているため、スムーズツールでぼかしましょう。ただし、これまでと同様、スムーズツールを使用すると他のレイヤーが露出することがあります。Ground レイヤーをスムーズすると、DrySand、WetSand、Grass1、Grass2、Rock1 の各レイヤーが不自然に浮き上がってくるかもしれません。

　図8-57 では DrySand レイヤーが浮き出たため、同レイヤーでスムーズすることによりなじませることができています。

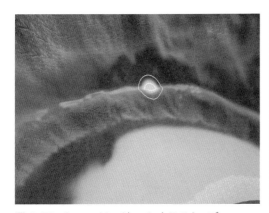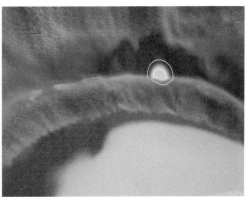

図 8-56　Ground レイヤーによるスムーズ　　図 8-57　DrySand レイヤーによるスムーズ

　砂浜に面した道も一度ペイントした後、スムーズで混ぜていきます。

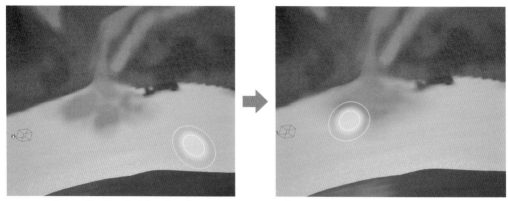

Groundレイヤーによるスムーズ　　　　Ground、DrySand、WetSandなどでスムーズ

図 8-58　スムーズツールの活用例(砂浜)

　高台の上にもGroundレイヤーをペイントして各レイヤーのスムーズによって混ぜ合わせます。

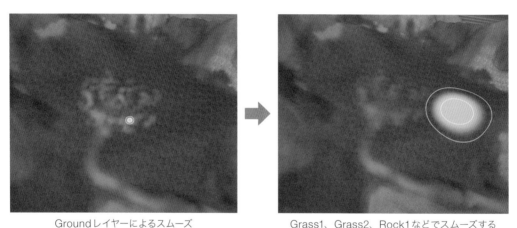

Groundレイヤーによるスムーズ　　　　Grass1、Grass2、Rock1などでスムーズする

図 8-59　スムーズツールの活用例(高台)

　細かなペイントやスムーズをここで完成させる必要はありません。
　配置するメッシュオブジェクトなどを決めてからペイント工程に戻ってきて作業しても構いません。

• ノイズでレイヤーを複雑に混ぜる

ノイズツールは1つのレイヤーで物足りないエリアに他のレイヤーをランダムに加えることで表現をリッチにしてくれます。

例えば草が一面に広がるエリアに非常に弱いノイズで地面や砂を混ぜることで、エリア内に変化を与えることができます。

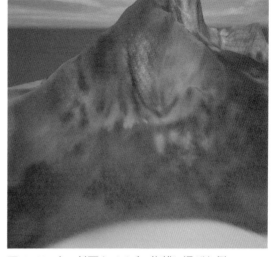

図 8-60 山の斜面をノイズで複雑に混ぜた例

単に1つのレイヤーでは物足りないというときに試してみましょう。

この作業はペイント工程の最後の飾りつけのようなものです。他の作業が終わったら最後に行うようにしましょう。今回アクセントレイヤーとして用意しているSnowレイヤーでも実践してみましょう。ペイントできたらスムーズツールで馴染ませましょう。

図 8-61 山頂付近をSnowレイヤーのノイズで塗る

雪だけでなく草や岩などをノイズ＋スムーズで全体に加えてあげましょう。
ちょっと一手間で非常に見栄えが良くなります。

 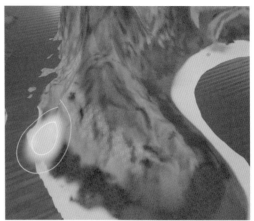

図 8-62 ノイズを使ってレイヤーを混ぜる　　　図 8-63 スムーズで馴染ませる

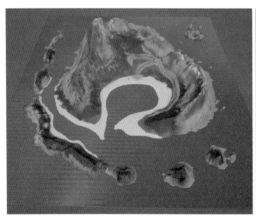 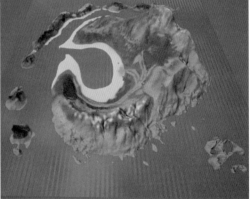

図 8-64 ペイント行程後の全体像

CHAPTER 9

美しい海をつくろう

この章では、細部まで作り込んだ美しい海を制作する方法を解説します。最初に、Water Body Customを追加して海を作成し、海底のペイントを行います。その後、細部を作り込むために、海底のスカルプトやコンポーネントの拡張を行い、細部のペイントに取り組みます。これらの技術をマスターすることで、臨場感あふれる美しい海を制作することができます。

9-1 海を配置しよう

9-1-1 Water Body Custom の追加

　ここではより最終的な作品の見た目に近づけ作品のつくり込みができるよう海を差し替えます。

　Unreal Engineのプラグインを活用して美しい海を手早く用意します。

　ここまでに使用してきた海のスタティックメッシュ **Plane** を削除します。削除を行うと海底のペイント結果があらわになります。

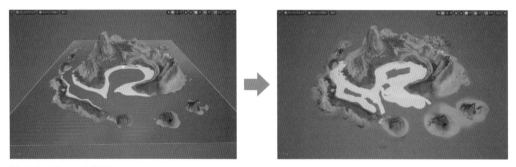

図 9-1 Plane の削除

　エディタ上部メニューから**編集**→**プラグイン**と進みます。

　検索欄に **Water** と入力してプラグインを呼び出しチェックボックスにチェックを入れて有効化します。

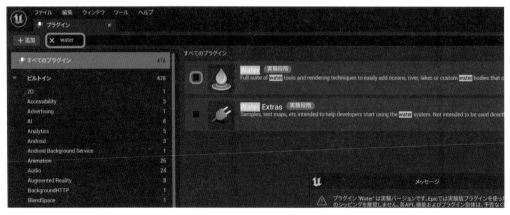

図 9-2 Water プラグイン

有効化した後警告メッセージが出ることがあります。「はい」を選択して先に進みましょう。プラグインの有効化にはプロジェクトの再起動が必要です。

図 9-3 警告メッセージ

図 9-4 プラグイン有効化のための再起動

再起動ができたら**クイック追加メニュー→アクタ配置パネル**を呼び出します。

図 9-5 アクタ配置パネルの呼び出し

「アクタを配置」のタブが立ち上がったら検索欄に water と入力して Water Body Custom をドラッグ＆ドロップで追加しましょう。ドロップした場所に海のアイテムが追加されます。

図 9-6 Water Body Custom の追加

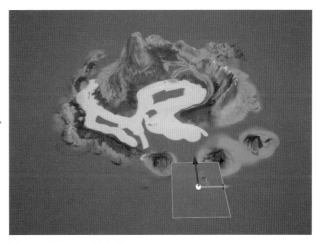

図 9-7 Water の追加後

　現時点では追加した場所は人によって異なるのでトランスフォームの値を揃えて島との位置関係を整えていきましょう。アウトライナーでWater Body Customを選択し、詳細パネルのトランスフォームで戻り矢印マークをクリックして位置をリセットします。

　その後、拡大縮小のロックを有効にしてXYZ各値をまとめて1000に設定します。

　この時点で島の中心と追加した海の中心が揃い、海が十分大きいサイズになったはずです。島と海の上下方向の位置を調整しましょう。位置のZに値を入力します。本書の場合はZが175で程よい位置関係になりました。

図 9-8　アウトライナーでWater Body Customを選択

図 9-9　Water Body Customの設定例(詳細パネル)

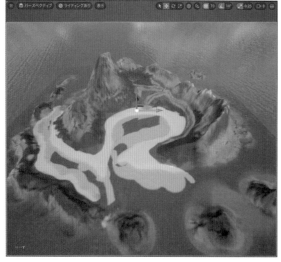

図 9-10　高さ方向の調整後の風景

9-1-2 海底のペイント

　浅い海の底が見えるようになったことでペイント工程の塗り残しが見えるようになってしまいます。ここでは**ランドスケープ→ペイントモード**に戻って塗り直しを行いましょう。ペイントモードに切り替えたら、**WetSandレイヤー**を選択します。

　WetSandレイヤーは海底に透けて見えた時に最も自然に見えるレイヤーです。深い海は十分に深くメッシュを沈降させ、浅い海はWetSandが見えるようにしていきます。

　ペイントしやすいようにWater Body Customはアウトライナーで非表示にします。目のマークをクリックしましょう。

図 9-11　Water Body Customの非表示

　では一旦、全体をWetSandに塗りつぶしましょう。

　ブラシをやや小さく設定し、島の岩や地面との境界をぐるりと外周してから、内側を平坦化するのが素早く塗りつぶすコツです。島の土台をスカルプトつくった時と同じ方法ですね。

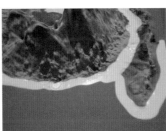
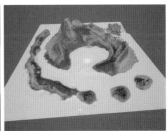

海底を一度WetSandでペイントする　　　外周をペイントする　　　　　　平坦化で全面に塗る

図 9-12　海底のペイント例

　作業の途中で何度かWater Body Customを再表示して海面の位置確認しながらペイントしましょう。海面よりも上にペイントしないように気を付けてください。

9-2 細部をつくりこもう

9-2-1 海底のスカルプト

全体を塗りつぶすことができたら**スカルプトモード**で水深の深い海をつくり、見た目を整えていきましょう。

● 岩場のスカルプト＆ペイント

砂浜ができるのは水の流れの遅い浅瀬や急激に流れる速度が落ちる場所です。水の流れが速い場所、波のあたる場所には砂浜はできないはずです。

島の外周は、スカルプトで十分に深くしていきます。

スカルプトツールにおいて地面の沈降は Shift ＋左クリック（ドラッグ）で行うことができます。

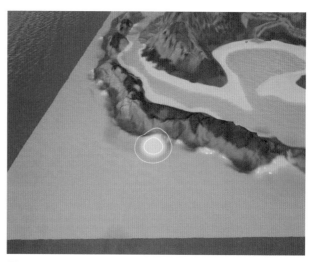

図 9-13 水深の深い場所を Shift で掘る

海底を沈めていくと次第に周囲の海との境界がわからなくなります。島のメッシュの端が見えてしまってはよくありませんので十分に深くスカルプトしましょう。

図 9-14 周囲の境界が見えない海の様子

続いて**ペイントモード**に切り替えます。波のあたり続ける場所にWetSandレイヤーが見えているのは不自然です。**Rock 1レイヤー**を選択して海面近くをペイントし直します。Water Body Customは非表示にしても構いません。

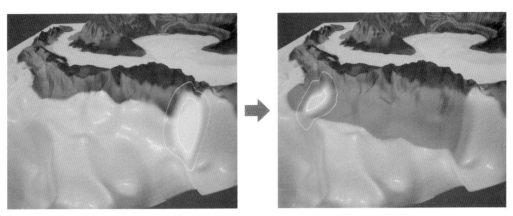

図 9-15　不自然な砂浜を岩に塗り替える

作業を終えたらWater Body Customを再表示して海底がRock1で自然に表現されているかを確認しましょう。

● **海底の均平坦化とスムーズ**

さて、今回のようにスカルプトツールで海底を深くしていく作業は非常に大変です。

そこで**平坦化ツール**を活用します。先ほど作った海底の深さを基準に島の外周をぐるりと一周深くしていきましょう。

図 9-16　島の外周を深い位置で平坦化する

海底の平坦化を行うと急激な
メッシュの沈降が起こります。
自然の地形がそうであるよう
に、島と海底は滑らかに繋がり
深さを増していかなければなり
ません。

ここではスムーズツールを用
いて滑らかさを補っていきま
しょう。

図 9-17 深い場所と滑らかにつなぐ

9-2-2 コンポーネントの拡張

深い海をつくるにあたり、島
の凹凸がメッシュの端にある場
合には、深い海をつくるために
島のメッシュ（コンポーネント）
が足りなくなる場合がありま
す。

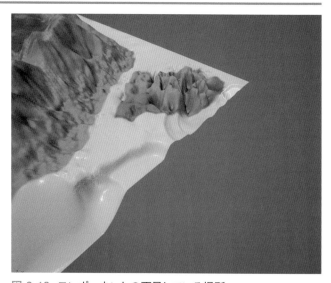

図 9-18 コンポーネントの不足している場所

このような場合にはランドス
ケープの**管理モード→追加ツー
ル**を使用します。このツールは
新たにコンポーネントを追加す
ることができます。

図 9-19 管理モードのコンポーネントの追加

　追加ツールに切り替え3Dビューポート上でマウスを動かすと緑のワイヤーフレームが表示されます。そのまま左クリックするとコンポーネントを新たに追加することができます。

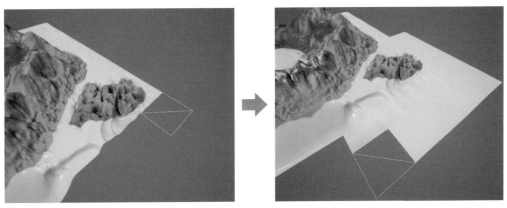

図 9-20　新しいコンポーネントの追加

　十分なコンポーネントを用意することができたら、改めてスカルプトの平坦化ツールに切り替えて深い海の地形をつくりましょう。平坦化→スムーズの作業を繰り返して島の外周を深い海で囲んでいきます。

9-2-3 細部の調整

● 島の裏にある岩場の調整

　スムーズを行うと部分的にペイントし直したい場所ができるはずです。例えば島の裏側にある岩場には砂浜は不要ですので、**ランドスケープ**→**ペイント**からペイントし直します。

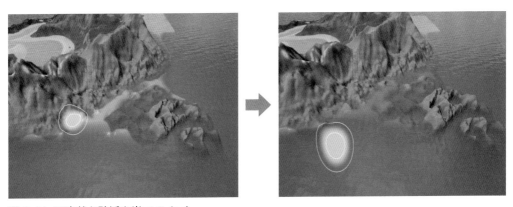

図 9-21　不自然な砂浜を岩でペイント

● 河の調整

　リアルな海を追加したことにより、もう少し深くしたい場所も出てくるでしょう。

　例えば、本書でつくった地形には島の外周を取り巻く小島と中心のある本島の間に河があります。スカルプトツールによる地形の編集次第では深さが立ちなかったり凹凸が大きすぎたり、あるいはペイントの結果が不自然で砂浜と岩場の境界がはっきりと分かれてしまっていることでしょう。このような島の細部の地形やペイントされたレイヤーを、美しい海を加えた後に改めて編集していきます。

　一例として、河を**スカルプトツール**で凹ませます。Shift を使いながら作業しましょう。

　その後ペイントモードで砂浜と岩場の境界をスムーズしていきます。スムーズが必要な場所は他にも随所に見られるはずです。レイヤーの境界に注意してスムーズして馴染ませてあげましょう。

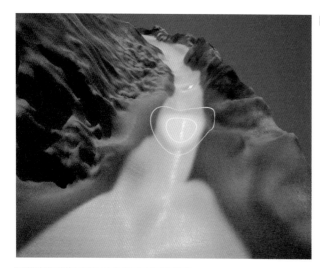

図 9-22　スカルプトツールで凹ませる

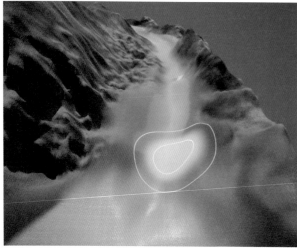

図 9-23　ペイントのスムーズで馴染ませる

　適宜、海を再表示させながら水深の変化による海の青海の辺を確認して作業しましょう。水の流れが緩やかな場所は急な水深の変化が少なくなるように調整します。

● 内湾および小島の間の調整

　島中央の内湾は、海の程よい透明感が得られるように水深を整えます。やや浅くして海底の砂が見えるようにすると自然な仕上がりになるでしょう。

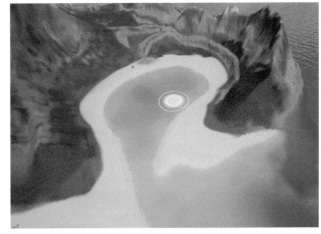

図 9-24　内湾を沈降させスムーズする

　水深が十分に深くない場所では意図せずWetSandレイヤーが見えてしまい不自然に思える場合があります。流れのはやい場所は岩場、遅い場所は砂場として塗分けるとよいです。

　ペイントだけでなく地形が滑らかであり、水深が徐々に変化する方が美しく仕上がります。図9-25では小島と本島の間で海の青がグラデーションして非常に美しく見えているのがわかります。

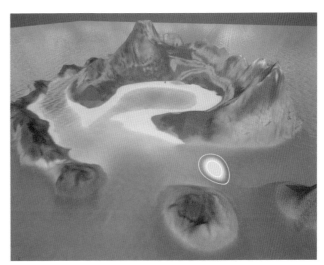

図 9-25　岩場の間を砂浜や岩で塗り分ける＆地形を滑らかにする

● 島全体の岩場の調整

本島の裏側にある岩場は断崖絶壁ですので、基本的に砂浜が不要となります。

WetSandやDrySandレイヤーが見えている場合にはRock1レイヤー、Rock2レイヤーで塗り直しましょう。

図 9-26 崖の周りの砂浜は岩場に塗り替える

最後に全体像を確認しましょう。

この島周辺の海底の地形が程よく感じられるとベストです。厳密にこうしなければならないという答えはありませんが、浅くあるべき深くあるべき場所は方針が立てられます。本書で解説したポイントを踏まえてこの工程を進め、完成させましょう。

図 9-27 スカルプト後の全体像

CHAPTER 10

3Dアセットで
細部をつくりこもう

本章では、Quixel Bridgeを使用して3Dアセットをプロジェクトに追加する方法を学びます。Quixel Bridgeでの検索、フィルタリング、ダウンロード方法について解説し、UE4プロジェクトにアセットをインポートし配置する方法や、プレースメントツールを使用して複数のアセットを配置する方法を紹介します。さらに、アセットのスケールや回転、マテリアルの変更方法など、その他のアセットの活用方法についても解説します。また、無料コンテンツのダウンロードやアセットのアウトライナーでの管理方法についても学びます。

10-1 3Dアセットを探そう

10-1-1 3Dアセットの追加

　ペイント工程お疲れ様でした。ここからの3Dアセット導入とペイント、さらにスカルプト工程は行き来して構いません。例えば3Dアセットを配置しようと思ったら敷地の広さが足りなかった、そんなときはスカルプト工程に戻る必要があるでしょう。

　本書では頭から順々に解説していますが、工程を行き来することはむしろいいことです。気になったところは微修正を試みましょう。

　さて、3Dアセット、つまり3DのメッシュオブジェクトもQuixel Bridgeを活用していきます。**クイック追加メニュー→Quixel Bridge**から起動して**3D Assets**を開きましょう。

　ここには非常に多くのスタティックメッシュが用意されています。

図 10-1　Quixel Bridgeの3D Assets

　何を使うかはあなたの自由です。崖に使用するための大きく縦に削れた岩、草むらに置く苔むした岩、ビーチにはサンゴやヒトデ、丘の上には遺跡や樽、階段、柵など人の暮らした跡をつくってもいいでしょう。

　ここでは3Dアセットを使用するいくつかの例を示します。

"NORDIC BEACH～"シリーズがおすすめです。検索してもいいですし、図内で**3D Asset ＞ Nature ＞ Rock ＞ Beach**のようにカテゴリが示されていますので探してみましょう。

図10-2　メインで使用する岩のアセット

使用するアセットを決めたら、Surfacesアセットを導入した時と同様に**Download**→**Add**と進み、アセットを現在開いているプロジェクトへインポートしてあげましょう。

プロジェクトでコンテンツドロワーを立ち上げます。（Ctrl ＋ Space）**コンテンツ**→Megascans→**3D_Assets**と進み検索欄に**Static**と入力してスタティックメッシュのみを表示します。

図10-3　スタティックメッシュのみ検索して表示する

10-1-2　配置の工夫とポイント

スタティックメッシュはコンテンツドロワーからビューポートへドラッグ＆ドロップで追加することができます。

毎回スタティックメッシュをドラッグ＆ドロップするのは大変です。スタティックメッシュを選択して、Alt を押しながら**ギズモを使用**して移動すると簡単に複製することができます。

図 10-4 スタティックメッシュの複製([Alt]＋移動)

コピー元のメッシュを選択

　複製したスタティックメッシュは同じ向き、サイズで並んでいると、いかにも複製したことがわかりやすくなってしまい自然の風景に溶け込みません。そこで回転や拡大縮小のトランスフォームの編集を行い、たった1種類のスタティックメッシュであっても複雑な表現ができるように作業していきます。

図 10-5 [Space]でトランスフォーム切り替え＆回転　図 10-6 拡大縮小し見た目を変える

　トランスフォームの編集を行うと、複製元のスタティックメッシュの様子とは大きく異なり、元はまったく同じものだったとは思えなくなります。
　この作業を繰り返し行います。ただ、一つ一つを複製してトランスフォームの編集を行うことも広いランドスケープメッシュ上の作業としては非効率です。
　編集によってランダムな見た目となった5~7個程度の岩スタティックメッシュを用意して[Shift]を押しながら複数選択します。複数選択した状態で[Alt]を押しながら移動しましょう。一括で複製することができます。

Shift で複数選択　　　　　　　　　　　　Alt で一括コピー

図 10-7　複数選択による複製

　この時使えるちょっとしたテクニックとして、ピボットポイントの変更を行ってみましょう。

　マウスホイールを押し込むことによりピボットポイントを変更することができます。ピボットポイントとは移動・回転・拡大縮小のトランスフォームを行う際の基準点です。回転であればピボットポイントを中心に、これら複数のスタティックメッシュを回転することができます。

図 10-8　ホイール押し込みによるピボットポイントの移動

　山の斜面や曲がった地形などに岩を自然に配置するとき、回転する基準を自由に操れると作業性が上がりますので是非一度試してみてください。

　複製できたら次々と島に配置していきます。

　もちろん複数選択状態で拡大縮小などを行い、さらに見た目にランダムさを加えてもいいでしょう。

図 10-9　複数の岩の配置例

10-1-3 細部にアセットを配置しよう

● 浜辺の岩やサンゴ

浜辺にも大きな岩を置いてみましょう。他のアセットを使用してみます。

図 10-10 岩のアセット

岩の下部に砂利のメッシュが含まれていますが、砂浜に埋もれさせることで目隠しすることができます。

図 10-11 砂浜にメッシュを埋める

岩以外にもサンゴなどさまざまなものを配置してみましょう。THAI BEACH CORALS PACKでサンゴのアセットが出てきます。

図 10-12 サンゴのアセット

図 10-13 サンゴの配置例

• 山の岩肌と道脇の崖

　次に山の斜面や道のわきの崖にも岩のスタティック
メッシュを配置してみましょう。

図 10-14　使用する岩のアセット

　ここまでに険しい山道をつくりましたが、脇にある崖に岩を添えるとよいでしょう。

　山の斜面にも岩を配置してみます。トランスフォームの編集を適宜行い、変化をつけながら
配置しましょう。

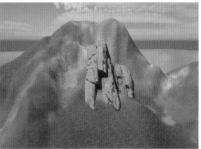

図 10-15　岩の配置

● 階段とスカルプト調整

　階段を山道に添えてもいいでしょう。おそらく、階段を配置すると斜面の傾斜がメッシュの傾斜と合わずに埋もれてしまうでしょう。

　そのような場合には、先に階段の配置する場所を確定させてスカルプトツールで地面の形を後から合わせるのがおすすめです。

　廃れた階段であれば程よく地面に潜った状態の方がよいかもしれません。

図 10-16　階段のアセット

埋もれてしまった階段

スカルプトで地面を沈降させる

図 10-17　アセットの配置における工夫

● 高台のシンボル

　次に島の高台にシンボルとなるものを配置しましょう。

　今回はきつねの像を中心に簡単につくってみます。似たようなものを含めてさまざまな種類が存在しますので気に入ったものを使ってみるのがいいでしょう。本書では「JAPANESE」シリーズの中のいくつかを使用しました。

図 10-18　狐の像のアセット

これまでに学んだ通り、ドラッグ＆ドロップで次々と追加します。

　全体のバランスを見ながらサイズ変更しましょう。3Dアセットのサイズ変更を行う場合は、ビューポートで拡大縮小のギズモを表示した状態で、軸の重なる原点位置を左ドラッグします。3つの軸がすべて黄色にかわし、XYZ方向同時に比率を守って大きさを変えることができて効率的です。

図 10-19　配置後のイメージ

10-2 マーケットプレイスのアセットを活用しよう

10-2-1 無料コンテンツの利用

　Quixel Bridgeのモデルだけでは門足りないので樹木のアセットを追加しましょう。

　マーケットプレイスの無料コンテンツを活用します。Epic Games Launcherを起動してマーケットプレイスに移動します。

　例として無料の中から「永年無料コレクション」を選択しましょう。

図10-20　マーケットプレイス 永年無料コンテンツ

　アセットの検索を利用して**Landscape Pro 2.0 Auto-Generated Material**を探します。

図10-21　アセットの詳細

プロジェクトに追加するを選択すると、追加先のプロジェクトを訊かれます。
現在作業しているプロジェクトを選んで**プロジェクトに追加**をクリックします。

一度ダウンロードしたコンテンツはライブラリからもプロジェクトへ追加することができます。Epic Games Launcherの**ライブラリ→マイダウンロード**と進んでアセットを見つけましょう。

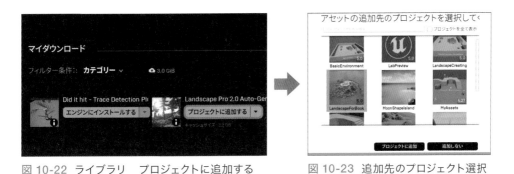

図 10-22　ライブラリ　プロジェクトに追加する　　図 10-23　追加先のプロジェクト選択

無事追加が終わると、コンテンツドロワーにSTFと書かれたフォルダが生成しています。**コンテンツ→STF**を開いて検索欄に**Static**と入力しスタティックメッシュのみを表示させましょう。

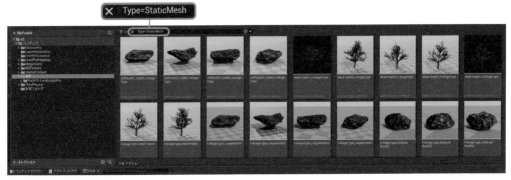

図 10-24　コンテンツ→STF、スタティックメッシュのみ表示

ドラッグ＆ドロップすれば簡単に配置することができます。

たくさんの木々を配置することもできますが、この後のフォリッジ工程でたくさんの木々を追加しますので、ここでは1,2本だけ樹木を植えて先に進むことにします。

図 10-25　樹木の配置

10-2-2 アセットのアウトライナー管理

3Dアセットを多く配置するとアウト
ライナー上にアイテムが溢れてしまいま
す。複数選択後に右クリックして、**移動
先→新規フォルダを作成**と進み選択アイ
テムをフォルダにしまいましょう。

図 10-26 アセットのフォルダ管理

フォリッジで
草花を植えよう

この章では、Unreal Engine におけるフォリッジの準備
と配置方法について学びます。まず、フォリッジとは植
物や草木などの自然物のことで、3D Plants を追加して
フォリッジを使用できるようにします。次に、フォリッ
ジのペイント方法を学び、スタティックメッシュフォ
リッジの詳細設定やフィルタなどについても理解を深め
ます。これらのテクニックを使えば、自然な風景を再現
することができます。

11-1 フォリッジの準備をしよう

11-1-1 3D Plants の追加

この工程ではQuixel Bridge の3D Plants を使用して島全体に草や木々を配置していきます。改めて**クイック追加メニュー**→Quixel Bridge を立ち上げましょう。

Quixel Bridge を起動したら3D Plants カテゴリーを開きます。

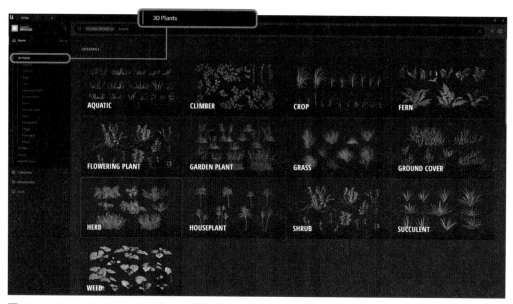

図 11-1 Quixel Bridge　3D Plants カテゴリー

さらに細かくサブカテゴリーが存在します。枯れ草からジャングルで見かけそうな熱帯植物、きれいな草花などさまざまな種類が存在します。一度全体を満遍なく見渡しておくことをおすすめします。

今回は3D Plants→Shrub→Forest と進み、EUROPEAN SPINDLE を選択しましょう。

図 11-2 EUROPEAN SPINDLE

Download→Add と進み、現在開いているプロジェクトへインポートします。インポートしたアセットの中身と保存先が別ウィンドウで表示されますが閉じて構いません。

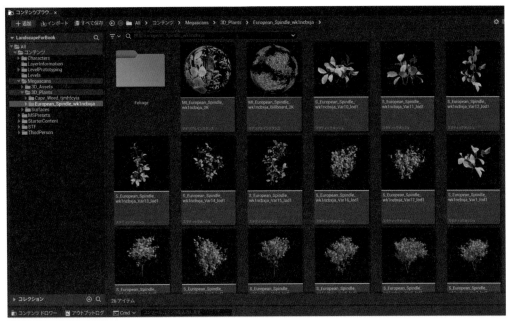

図 11-3 追加されたフォリッジアセット

11-1-2 フォリッジの概要

それでは大地に草木を配置するフォリッジ工程に進みましょう。

• フォリッジモード
　エディタをフォリッジモードに切り替えます。

図 11-4 フォリッジモードへの切り替え

切り替え後、画面左側にフォリッジの各パラメータの設定画面が表示されます。

フォリッジモード切り替え後はデフォルトでペイントツールが選択されています。他にもいくつかのツールが存在しますが、操作の工夫により、実質ペイントツールの中でその他ツールの機能を使用することができますので常にペイントツールで作業することになります。

図 11-5 フォリッジ ペイントツールの設定

フォリッジの設定欄の下方には、先ほどインポートした3D Plants が表示されているはずです。表示されていなければ「＋フォリッジ」を押してその中からインポートしたアセットを一つ選びましょう。まとめてリストに追加されます。

図 11-6 スタティックメッシュフォリッジの追加

デフォルトではアイコンの表示か小さく見づらいかもしれません。背の低い草から、少し背の高い木までありますが区別できないと作業性が悪いですね。右上にある⚙を開き、表示オプションの拡大・縮小のつまみを右に動かして見やすいサイズに変更しておきましょう。

図 11-7 表示サイズの変更

● スタティックメッシュフォリッジとは

よくみるとフォリッジに表示される草木は、ソースアセットタイプにフォリッジタイプと書かれています。フォリッジによって、素早くかつ大量のスタティックメッシュを配置する場合、フォリッジタイプのスタティックメッシュを使用します。

Unreal Engineではこれをスタティックメッシュフォリッジと呼んでいます。本書では簡易的にこのスタティックメッシュフォリッジをフォリッジと記載することもあるので頭に入れておきましょう。

スタティックメッシュフォリッジの一覧の上部にある「＋フォリッジ」をクリックすると、ペイントすることができるスタティックメッシュフォリッジが表示されます。

実は、ここまでにQuixel Bridgeの3D Assetsでインポートしたアセットの中にはすでにスタティックメッシュフォリッジが用意されています。以前の工程で高台の樹木に、Landscape Pro 2.0 Auto-Generated Materialを使用しましたがフォリッジタイプの樹木が表示されているはずです。

本章で解説するフォリッジのペイントツールを用いた草木の配置方法を学ぶことで、これまでに行っていた「コンテンツドロワーからのドラッグ＆ドロップ」ではなく、非常に簡単な方法で素早くアセットを配置することができるようになります。

図 11-8 Landscape Pro 2.0 Auto-Generated Material のフォリッジ

● スタティックメッシュのフォリッジ化

Quixel Bridgeのアセットの中にはスタティックメッシュはあるもののスタティックメッシュフォリッジが用意されていないものも存在します。フォリッジモードで素早くアセットを散らしたい場合は、自身でスタティックメッシュフォリッジを作成しましょう。

一例として3D AssetsのTHAI BEACH CORALを見てみましょう。3D Assets→Nature→Seabedと進むと見つかるはずです。Download→Addと進み、現在開いているプロジェクトへインポートしましょう。

図 11-9 THAI BEACH CORALのインポート

追加されたアセットの中身を確認します。コンテンツドロワーを開き（Ctrl + Space）、コンテンツ→Megascans→3D_Assetsを確認しましょう。このアセットにはスタティックメッシュフォリッジが含まれていないことがわかります。

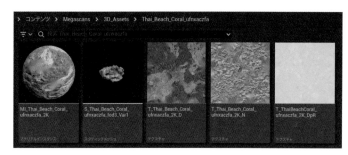

図 11-10 フォリッジを含まない
アセット例

スタティックメッシュフォ
リッジを自作しましょう。コン
テンツドロワー上で右クリック
し**フォリッジ→スタティック
メッシュフォリッジ**と進みま
す。

追加後に名前を編集します。
元となるスタティックメッシュ
を選択して F2 で名前の編集
モードに入りコピー（Ctrl ＋
C）しましょう。

新規追加したスタティック
メッシュフォリッジの名前に貼
り付けます（Ctrl ＋ V）。元の
スタティックメッシュと区別さ
れるように、末尾に「_f」と添
えておきましょう。

図 11-11 スタティックメッシュフォリッジの新規追加

次に追加したスタティック
メッシュフォリッジをダブルク
リックしてエディタを立ち上げ
ます。メッシュの中、Meshの
欄に元となったスタティック
メッシュを割り当てましょう。

検索欄にbeachのように入
力すると素早くみつけることが
できます。変更後は左上の保存
ボタンを押しましょう。

図 11-12 フォリッジにスタティックメッシュを割り当てる

保存ができたらエディタは閉じて構いません。

コンテンツドロワーを改めて確認すると、スタティックメッシュフォリッジのアイコンが、元のスタティックメッシュと同一なものに変わっているのがわかります。

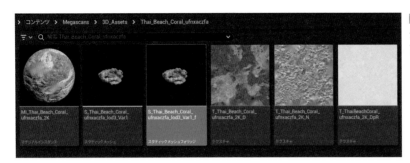

図 11-13 自作のスタティックメッシュフォリッジの準備

それでは、改めてフォリッジモードに戻り、今作成したスタティックメッシュフォリッジをペイントツールで使用できるようリストに追加してみましょう。

3D Plantsのアセット一覧上部の**＋フォリッジ**をクリックします。検索欄に**beach**入力し、スタティックメッシュフォリッジを呼び出し選択しましょう。

図 11-14 スタティックメッシュフォリッジの追加

すると、リストに先ほど作成したTHAI BEACH CORALのスタティックメッシュフォリッジが追加されます。あとは、この後解説するフォリッジの基本操作に基づいて浜辺などに素早く配置すればよいだけです。

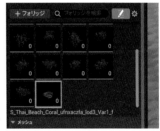

図 11-15 追加されたスタティックメッシュフォリッジ

追加したフォリッジはリストから削除することもできます。右クリックで表示されるメニューから削除を選択しましょう。

以降の作業で解説がシンプルになるよう今追加したフォリッジは削除しておきます。削除せずにそのまま進んでも構いません。

図 11-16 フォリッジの削除

11-2 草木を配置しよう

11-2-1 フォリッジペイントの基本

フォリッジモードのペイントツールで、島に草木を素早く配置する方法を学びましょう。

● ペイントするフォリッジの選択

フォリッジペイントを行うにあたり重要なブラシサイズ、ペイントの密度、消去密度、単一インスタンスモードについて順々に解説しましょう。

実際に草木を配置するには、まずはじめに配置したいフォリッジをリストから選択する必要があります。フォリッジのリストで左クリックするとアイコンのふちが青くなり選択状態になります。 Ctrl を使用すれば複数選択ができ、 Shift を使用すれば範囲選択も可能です。

まずは枝を持つ木に近いフォリッジを選択しましょう。選択するとフォリッジリストの下部に詳細パネルが表示されます。

図 11-17　木のフォリッジの複数選択と詳細パネル

もう一度リストに目を戻します。マウスをかざすとアイコン左上にチェックボックスが表示されますのでクリックしてチェックを入れましょう。チェックを入れたフォリッジがペイントツールによって配置されます。選択するだけでは詳細パネルが表示されるだけで、ペイントできないので注意しましょう。

● ブラシのオプション

フォリッジのペイント有効化が終わったら、ブラシのオプションを変更しながらペイントをしてみましょう。

図 11-18　ブラシのオプション

デフォルト設定のままマウスを島の上に持っていくと白い円が表示されます。左クリック、または左ドラッグで選択フォリッジを配置することができます。操作を戻したい場合は Ctrl ＋ Z 、ペイントを削除したい場合は Shift ＋左クリック（左ドラッグ）です。

ブラシサイズを大きくすれば円も大きくなり一度に配置できるフォリッジの量も増やすことができます。一度クリックして円形に木々を置いてみましょう。

初期のペイントの密度は0.5です。ペイントの密度によって特定の場所に置かれるフォリッジの密度が決まります。ただし繰り返しクリックして密度が増していくことはなく、設定した密度が上限です。

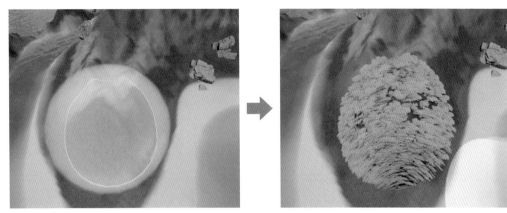

図 11-19　ブラシサイズ2048　　　　　　　図 11-20　ペイントの密度0.5

Ctrl + Z でペイント前まで操作を戻しましょう。戻し切れない場合は Shift +左クリックで削除します。

さて、次は消去密度です。Shift +左クリックでフォリッジを削除する場合、デフォルトの消去密度0.0であればフォリッジは一切残りません。

消去密度0.1に設定すればペイントの密度0.1でペイントしたときの状態までフォリッジが間引かれ減少していきます。この場合も繰り返しクリックしても密度が0.1を下回ることはありません。消去密度0.1で間引いてみましょう。Shift を押しながらクリックします。

図 11-21　ペイントの密度0.1

最初にペイントした密度0.5からおかれているフォリッジの数が減少するのが分かったと思います。もう一度消去密度を0.0に戻して半分を消去してみましょう。続いて消去密度0.01でもう半分を消去して感覚を掴んでおきましょう。

 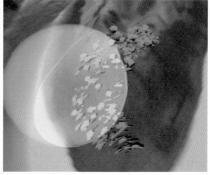

消去密度0　　　　　　　　　　　　消去密度0.01

図 11-22　消去密度の値による違い

✓ フォリッジ削除時の注意事項

このフォリッジの消去で注意しておかなければならないことがあります。

フォリッジを消去するとき、必ずその消去したいフォリッジをリスト上でチェックを入れておく必要があります。作業を進めているとフォリッジ削除できない場面に遭遇します。多くの場合、消去したいフォリッジの有効化（チェック）がされていないことが原因です。

ところで、上空から眺めていると配置した木々が薄っぺらく見えていると思います。これは木々の詳細を表示するために処理負荷が大きくなりすぎないようUnreal Engineが自動で負荷の低いモデルに置き換えを行ってくれているからです。

本書の冒頭でも紹介しましたがLOD（Level Of Detail）の切り替えを行っています。

配置したフォリッジの近くに寄ってみましょう。見え方が大きく変わり、立体的に葉が茂っているのがわかります。

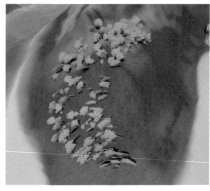 

遠くから見たとき　　　　　　　　　　近くから見たとき

図 11-23　距離による木々の見え方の違い

大量の木々を配置すると非常に処理負荷が高くなります。フォリッジペイントを行った時点でPCが異常に重くなる可能性があります。以降の作業はPCの動きに注意しながら進めてください。作業中にPCが強制終了することもあります。**こまめな保存を心がけましょう。**

● 単一インスタンスモード

選択し有効化したフォリッジをブラシ範囲にペイントすることができましたが、時には玄関先の整頓された庭木のように、意図した場所に臨むフォリッジを1本1本植えたい場合もあるでしょう。

1クリックで特定の個所にフォリッジを配置するには単一インスタンスモードを利用します。

図 11-24 単一インスタンスモード「すべての選択項目」

単一インスタンスモードにチャックを入れます。オプションとして「すべての選択項目」を選んでおきましょう。ビューポートでは緑色の小さな円が表示されます。

一度左クリックしてみると、クリックした場所に木々が配置されます。よく観察すると、現在有効化されているフォリッジが一か所に集中していることがわかります。

図 11-25 一か所に集中して配置された複数のフォリッジ

リストで有効化するフォリッジを1つだけに変更してみましょう。リスト上で Ctrl + A で全選択してチェックを外してから、改めて1つを選択しなおし有効化すると早いです。

もう一度単一インスタンスモードで配置してみましょう。今度は1種類だけ有効化したフォリッジを置くことができました。

背丈の異なる2種類を有効化すれば、混ざっていることがよりわかりやすいですね。

図 11-26 1種類のフォリッジの配置

図 11-27 2つが混ざったことがはっきりと分かる

CHAPTER

11

フォリッジで草花を植えよう

次に、単一インスタンスモードの**選択項目を切り替え る**に変更してみましょう。

図 11-28 単一インスタンスモード 「選択項目を切り替える」

フォリッジはリストからすべてを選択 (Ctrl + A)し有効化します。

先ほど単一インスタンスモードで植え た木の周りを反時計回りにクリックしな がら回ります。すると有効化している一 つ一つのフォリッジが順番に配置される のがわかります。1クリックで配置され るフォリッジの種類は1種類です。

複数回に渡りランダムな場所で配置を 繰り返すことで、特定のフォリッジをラ ンダムに置くことができます。

図 11-29 順々に種類が切り替わる

11-2-2 スタティックメッシュフォリッジの詳細設定

フォリッジをリストから選択すると、リストの下部に詳細パネルが表示され、スタティック メッシュフォリッジの細かな設定が可能です。重要な設定をピックアップして学んでいきま しょう。

● Density/1Kuu と半径

Density/1Kuu は1m^{2}当たりに配置できるフォリッジの最大数を示します。

値を大きく設定することでより密にすることもできますが、デフォルトの値がちょうどよく、 フォリッジペイントによって調整ができますので変更する必要はあまりありません。

半径はおかれるフォリッジ同士の距離を示します。値が大きいほど間隔をとって、小さいほ ど密集して配置されます。この値もデフォルト値から大きく変えることはあまりありません。

● Scale X

Scale Xはフォリッジの大きさを変えるシンプルかつ 重要な設定です。リストから1つだけ選択して有効化し ます。

リスト下部に出てくる詳細パネルでペインティングの Scale Xを変更しながら作業しましょう。

まずは Scale Xの最大最小値をデフォルトの**1.0**のま ま、単一インスタンスモードでペイントします。

図 11-30 Scale Xの設定（デフォルト）

メッシュ上で左クリックすると木が植えられます。Scale Xの最小も最大も1.0なので、何回植えても同じサイズの木になるはずです。

図 11-31 Scale X最大1.0(デフォルト)

次にScale Xの最大値を**5.0**に変更します。Scalingに**Uniform**を選んでいるので最小値1.0から最大値5.0の間で値が選ばれ木のサイズが決まります。

図 11-32 Scale Xの最大値5.0

画像の木の背丈が高くなったものの明らかに5倍にはなっていないこともわかります。5倍のサイズの木を配置したい場合には最小値にも5.0を入力しましょう。

Uniformの他にも、最大最小値の間からランダムな値を決める**Free**や特定の方向の大きさを固定する**Lock**があります。

図 11-33 Scaling その他のタイプ

• Align to Normal
メッシュ上に配置するフォリッジがメッシュの面の向きにならうかどうかを決定します。

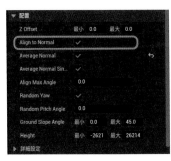

図 11-34 フォリッジの配置設定

図 11-35 Align to Normal
(オン:左、オフ:右)

CHAPTER **11** フォリッジで草花を植えよう

Align to Normalオンの時に表示されるAlign Max Angleは傾斜方向にフォリッジが傾く時の最大傾斜角度です。10に設定すれば垂直方向（ワールドの上方向）から10度以上傾きません。

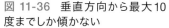

図 11-36　垂直方向から最大10度までしか傾かない

• Random Yaw & Random Pitch

YawとはZ軸まわりの回転を指します。Z軸はワールドの上下方向（重力加速度方向）です。配置するフォリッジの自然なばらつきを得るため基本的に**オン**にしておきます。

Random Pitchは**木の倒れる方向の傾き**です。ランダム要素を加えたい場合には値を調整しながら入力します。

📝 オブジェクトの傾き

プレイヤーが近くまで来て草木を眺めることを想定しているならRandom Pitchを加えた方がより自然な生え方になります。

• Ground Slope Angle

ある一定角度以上の斜面には配置しないことができる設定です。最大値に45を入力すれば傾斜角0〜45度の範囲にフォリッジペイントが可能になります。

20に変更すると同じ場所で配置できなくなるのがわかります。つまりこの傾斜は20度以上の傾斜を持っているということです。

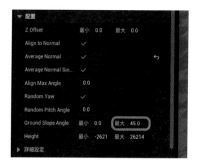

図 11-37　Ground Slope Angle 最大角度を45に設定

図 11-38 45度の傾斜まで配置可能

図 11-39 最大角度を20に設定(20度以上の傾斜に配置できない)

　切り立った山、崖に木が生えているのは不自然ですので、一定の角度以下に配置を制限する機能は便利です。ただし、デフォルト値45はやや制限が厳しいので最初は60〜70程度に引き上げておくことをおすすめします。

🔧 傾斜角の推奨値

　Ground Slope Angleは少し大きめの60以上で試してみましょう。

• Height
　配置できる高さを制限する機能です。角度に依らず全体に配置できるようGround Slope Angleを90に設定します。さらにペイント密度1.0にして斜面一面にペイントしてみましょう。デフォルト値は制限がないようなものなので上から下まで滞りなくフォリッジペイントが可能なはずです。

図 11-40 実質制限なく頂上まで配置できる

さて、高さを制限するにあたり入力すべき値に困ると思います。一つの方法として、**クイック追加メニュー→形状**からCubeなどのオブジェクトを追加し詳細パネルで高さを調べる方法が挙げられます。

図 11-41 高さを知るためにCubeを追加(任意)

本書の例ではHeightの最大値に**5000**を入力してみます。高さの制限がかかることにより標高5000以上の場所には配置されなくなったのがわかります。

図 11-42 標高5000の途中までしか配置できない

● Cull Distance

インスタンスセッティングのCull Distanceを設定することで、一定の距離以上離れたフォリッジを描画せず、プレイ中の処理負荷を低減することができます。Cull Distance0.0で制限のない状態です。

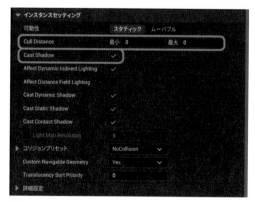

図 11-43 インスタンスセッティングの詳細パネル

例として最大値を15000、5000のように変更して、遠くの木々の描画を確認しましょう。最大値は現在地から描画する限界までの距離を決めています。大きな数値で遠くまで描画し、小さくすれば近くのみ描画します。

デフォルト(無制限)　　最大値 15000(遠くが描画されない)　　最大値 5000(近くも描画されない)

図 11-44　Cull Distance による見え方の違い

● Cast Shadow

　フォリッジによる大量のアセット配置は当然PCには大きな処理負荷がかかります。Cast Shadowの設定を変更することにより、これをいくらか軽減することが可能です。

　まず初めに、フォリッジのリストですべて選択します。Ctrl ＋ A を利用しましょう。その後Cast Shadowをオフにすると、はっきりと影が消えます。

Cast Shadowオン　　　　　　　　Cast Shadowオフ

図 11-45　Cast Shadow の効果

11-2-3 フォリッジペイントの実践とフィルタ

● ペイント方法の例

　もちろんフォリッジのペイントは、自由に取り組んで構いません。ここではおすすめのペイント方法とポイントについて解説していきましょう。

　はじめのうち円形のブラシでペイントすると、いかにも丸ブラシで描いたというのが見えてしまいます。場所によって密集具合を変えたいと思っても、ペイントツールでは思うようにい

きません。おすすめの方法として、2ステップで木々を配置しましょう。木々を配置したい場所を一定の密度で塗り潰し、その後部分的に消去することでばらつきをつくります。

では早速、密度0.1で全体をペイントしましょう。本書の例では標高の低い比較的なだらかな丘を中心にペイントしていきます。

図 11-46　全体を密度
0.1でペイント

次に消去密度を0.05~0.07程度に設定して、Shift を押しながらペイントの削除を行います。こうすることで、すべての木々が消えることはなく、密度0.05~0.07を保ってくれます。全体を減らすことなく部分的に間引いていきましょう。ブラシのサイズを小さくするなどして、消去が単調にならないように気を付けます。

図 11-47　消去密度
0.07で間引き

ランダムな配置のために

消去密度だけでなくブラシのサイズも変更してランダムさを創り出しましょう。

例えば気が生えていては不自然な砂浜などにペイントしてしまった場合には、消去密度0.0できっちり消去します。ブラシのサイズは小さい方が作業しやすいです。

フォリッジ削除時の注意事項

消去できるのはフォリッジのリストでアクティブになっているフォリッジだけです。なぜだか消えない…という場合には改めて確認しましょう。

図 11-48　ブラシサイズを小さく　＆消去密度0.0で消去

● 草のペイントとフィルタ

　フォリッジのリストから低木ではなく下草のフォリッジのみを選択しましょう。フォリッジの一括選択には [Ctrl] ＋ [A] を活用します。一度チェックを外した後、下草のみを選択してチェックを入れ直します。

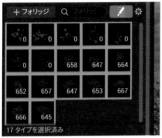 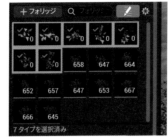

図 11-49 [Ctrl] ＋ [A] ですべて選択してチェックを外す

図 11-50 下草のフォリッジのみ有効化

　では、岩の周りをペイントしてみましょう。

3Dアセット上のフォリッジ配置

　岩などの3Dアセットの周りをフォリッジで飾ると見た目が格好良くなります。ランドスケープメッシュと3Dアセットのメッシュの境界（メッシュが地面に潜り込むところ）を隠すのがポイントです。

　岩のようなスタティックメッシュの上もペイントしてみましょう。
　デフォルト設定ではスタティックメッシュ上にも下草のスタティックメッシュフォリッジが配置されるはずです。

図 11-51 下草を加える

図 11-52 スタティックメッシュの上に下草が配置できる

岩の上に草が生えていることは、そこまで不自然ではありません。しかし、時にはメッシュの上にフォリッジでペイントしたくないこともあるでしょう。一度、岩の上に配置されたフォリッジを消去します。

図 11-53　岩の上の下草を一度消す

次にフォリッジの設定からフィルタを変更しましょう。チェックの入っているタイプのオブジェクトにペイントが行えます。スタティックメッシュのチェックを外して改めてペイントしてみましょう。

図 11-54　フィルタ　スタティッ
クメッシュのチェックを外す

図 11-55　再ペイント　メッシュの上に
配置されなくなる

• フォリッジ工程終了時のイメージ

フォリッジ工程を終えた際のイメージ画像を置いておきましょう。たいていの場合、岩の周りを木々で囲むと見た目が良くなります。なぜなら、メッシュ同士の境界はCGっぽさを感じてしまう原因だからです。2つ以上のメッシュの重なる境界を意識してペイントしていきましょう。

今回は低木中心のスタティックメッシュフォリッジでペイントを行いましたが、浜辺に貝殻を散りばめたり、背の高い樹木をマーケットプレイスのアセットから取り込んで使用しても構いません。アセットから取り込んだ小物や樹木に必ずスタティックメッシュフォリッジが用意されているとは限りません。ここまでに学んだスタティックメッシュのフォリッジ化を活用して作り込みを行いましょう。ただし必ずしも完璧にする必要はありません。

次の工程はライティングです。ライティングが変われば美しく見えるフォリッジペイントのあるべき姿も変わり得るでしょう。

各工程を行き来することを前提として、次の工程に進んでいくことをおすすめします。

CHAPTER 12

風景を
ライティングしよう

この章では、UEでの光源と大気の調整方法について学びます。ライティングの設定は、ゲームの世界観を形作り、プレイヤーの体験に深く関わる重要な要素です。Sky LightやDirectional Lightなどの光源や、Sky AtmosphereやExponential Height Fogなどの大気を調整する方法を学び、理想的な照明設定を行います。光源と大気の設定を正確に調整することで、ゲーム世界の美しさや魅力を引き出し、より没入感のある体験を提供することができます。

12-1 光源を調整しよう

12-1-1 ライティングの重要性

本書も終盤に差し掛かりました。ここまでの作業本当にお疲れ様です。

さて、この章では作品の見た目に大きく関わるライティング工程を扱います。CG作品の見栄えは、メッシュモデルの精巧さやテクスチャの精細さ、光と影の演出のリアルさに左右されます。とりわけ、今回制作しているような大規模な世界においては、近くにあるものの詳細だけでなく、遠くの風景の美しさも重視されるため、ライティングの担う役割は大きくなるでしょう。ライティングは難しいものと思われがちな一方で、近年Unreal Engineが代表するリアルタイムレンダリングエンジンの飛躍的な進化により、私たちは非常に簡単にライティングされた環境を構築することができるようになりました。設定は簡単になったものの、光の反射、屈折、散乱、吸収といった物理現象について最低限理解しておくことは重要です。

本章および次のポストプロセス工程を、本書で紹介するレベルで理解すれば、作品の完成度を十分に高めることができるでしょう。

12-1-2 Sky Light

Sky Lightは空間全体を照らす天球型のライトです。現在私たちが作業しているレベル（世界）にある空から降り注ぐ光の量を決めていますが、空の明るさそのものではないことに注意してください。

アウトライナー→LightingにSky Lightが既に含まれていることを確認しましょう。選択することで詳細パネルで設定項目を確認することができます。

図 12-1 アウトライナー上のデフォルトのSky Light

新規にSky Lightを追加する場合はクイック追加メニュー→ライト→Sky Lightを選択しましょう。

図 12-2 Sky Light
の新規追加方法

　Sky Lightを選択した状態でビューポートを確認するとSky Lightのある場所にギズモが表示されます。Sky Lightは空間全体を取り囲む天球として定義されているため、Sky Lightそのものがどこに存在しているかは意味がありません。見やすく選択しやすい位置に移動しておくのがいいでしょう。

　詳細パネルの基本的な項目を確認していきましょう。

図 12-3　ライトの詳細パネル

● 強度スケーリング

　強度スケーリングはSky Lightの明るさです。変更することで空間全体の明るさが変わることがわかります。ただし、照らされる側の明るさは変わるものの、空の明るさは変わりません。

強度スケーリング1.0　　　　　　強度スケーリング5.0　※空は明るくならない

図 12-4　強度スケーリングによる違い

● カラー

　色のついた枠をクリックするとカラーピッカーが表示されて、Sky Lightの色を変更することができます。Sky Lightは全体を照らしているため色の変化も全域に渡ります。

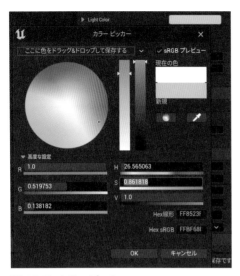

図 12-5 カラーピッカー

図 12-6 カラー変更後の例

● Affect World と Cast Shadow

Sky Light の効果をワールドに適用するかを決めます。なお、Cast Shadow は Sky Light による影を作り出すかを決めています。大きな差は見られないので、ライティングの処理負荷を去るためオフにしておいてもよいでしょう。

図 12-7 Affect World オフ

12-1-3 Directional Light

Directional Light は太陽光のような平行光線をつくります。言葉通り方向性を持ったライトなので大きな影をつくり出し島の雰囲気に大きく影響します。

まずは**アウトライナー**→Directional Light を選択しましょう。デフォルトで追加されているはずですが、存在しなければ Sky Light 同様にクイック追加メニューから追加することができます。

図 12-8 アウトライナーから Directional Light を選択

Directional Lightを選択後、ビューポートを見ると島の中心にギズモが表示されているはずです。[Space] でトランスフォームのタイプを切替え、回転できるようにしましょう。

図 12-9 Directional Light の回転

赤緑青の帯を左ドラッグして動かすことによりDirectional Light の向きを変える、つまり光の差し込む方向を変えることができます。例として太陽の高度を下げて夕焼けをつくってみましょう。

図 12-10 夕暮れをつくる

回転の際、**スナップ設定を変更**しておくと望むとおりに向きを変えることができます。

画面上部の角度のアイコンをクリックし**回転量のスナップ**（一定の間隔で値が変わる状態）を**オフ**にするか、あるいは、右隣の数字の**ドロップダウンメニュー**を開いて**回転のスナップ量を変更**します。

上空の雲との重なりも相まって非常に美しい情景をつくることができたと思います。

図 12-11 角度のスナップ量を変える

• ライト

Directional Light の設定を見ていきましょう。詳細パネルでライトの項目を開きます。

Source Angleは上空に見える太陽の円の大きさに影響します。光源となる太陽から注ぐ光の角度＝太陽の円の大きさということです。デフォルト値は実際の太陽に即した0.7357です。例としてSource Angleを**1.0**と**5.0**に設定するとその違いがよくわかります。

図 12-12 Directional Light の詳細パネル ライト

Source Angle1.0   Source Angle5.0

図 12-13 **Source Angle**による景色の違い

　Source Soft Angleは太陽から差し込む光がぼんやりと広がるときの広がりの角度です。設定値による差はわずかです。

Source Soft Angle0.0   Source Soft Angle5.0

図 12-14 **Source Soft Angle**による景色の違い

　Temperatureは一般に色温度と呼ばれるパラメータです。
　よく理科の授業でマッチの炎は温度が低く赤色、ガスコンロの炎は温度が高く青白色のように説明されることがありますが、それによく似ています。Temperatureの値を小さくすればライトの光は橙色に、大きくすれば青白い色に変化します。色温度は温かみのある印象をつくり出したり、きりっとクールな印象を与えたりと作品の印象付けに大きく影響するため作風を意識した設定が望まれます。

Temperature3000 　　　　 Temperature6500 　　　　 Temperature10000

図 12-15 Temperatureによる景色の違い

Intensityは光の強度、つまり明るさです。Directional Lightの明るさはワールド全体の明るさに大きく影響します。少しの変化で大きく変わりますので慎重に変更しましょう。Luxは照度の単位ルクスを意味します。

Intensity 1.0lux 　　　　　　　　　Intensity 6.0lux

図 12-16 Intensityによる景色の違い

• ライトシャフト

次はライトシャフトを学びましょう。ライトシャフトとは太陽を見上げた時に見えるぼんやりとした光の広がりの表現です。

詳細パネルで**ライトシャフト**→**Light Shaft Bloomを有効化**します。有効化後に太陽の方角を見ると、周りが輝きまぶしい太陽の表現が加わっています。

図 12-17 ライトシャフト Light Shaft Bloom

Light Shaft Bloomオフ　　　　　　Light Shaft Bloomオン

図 12-18 Light Shaft Bloom の効果の違い

Bloom Scale はぼんやり広がる光のサイズです。

Bloom Scale0.1　　　　　　Bloom Scale0.5

図 12-19 Bloom Scale による景色の違い

　Bloom Threshold はライトシャフトによってぼんやりと輝く表現を加える明るさのしきい値を決めます。0.0であれば全体がぼんやりとし、値を大きくすれば輝きの強い場所だけBloom の表現が加わります。

Bloom Threshold0.0　　　　　　Bloom Threshold0.2

図 12-20 Bloom Threshold による景色の違い

Bloom Max Brightnessは明るさ（輝度）の最大値を制限します。

Bloom Max Brightness100.0   Bloom Max Brightness2.0

図 12-21 Bloom Max Brightnessによる景色の違い

Bloom ColorはLight Shaft Bloomによって加えられた光の表現に色を加えます。設定によっては、イメージとして光化学スモッグのような空気中のガスを表現することも可能です。

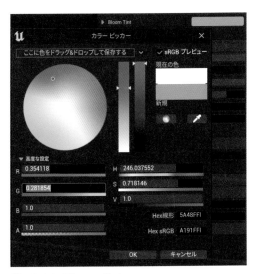 

図 12-23 Bloom Color　変更後

図 12-22 Bloom Color

12-2 大気を調整しよう

12-2-1 Sky Atmosphere

Sky Atmosphereは大気を表現することができる優れたコンポーネントです。これ一つで空気中の光の散乱などを物理的に正確なものに近づけてくれます。

光の計算はDirectional Lightによって決定された太陽の位置を基に自動的に変更されます。

太陽の高度が下がり水平線に日が沈もうとすれば、自然と空が赤く染まってくれるのはSky Atmosphereコンポーネントのおかげです。

図12-24 Directional Lightの向きで空の様子が変わる

なお、最初にプロジェクト作成をする際、サードパーソンテンプレートでBlankタイプを選択するとAtmospheric Fogという名前のアイテムが用意されています。これはSky Atmosphereと同じ役割をもつものです。

図12-25 Blankで開始したプロジェクト

• Directional Lightの設定見直し

Sky Atmosphereの設定を確認する前に
Directional Lightの設定を一部変更します。

Light Shaft BloomのせいでSky Atmosphere
による設定変更の影響が理解しにくくなるた
め、ここではLight Shaft Bloomをオフにし
ておくことをおすすめします。

図 12-26 Light Shaft Bloomをオフ

• プラネット　Ground Albedo

まずGround Radiusの変更の基本的に必
要ありません。変更することにより球体とし
ての空の広がりが不自然になります。

図 12-27 詳細パネル　プラネット

次にGround Albedoは大気全体のカラー
を変更するものです。カラーピッカーで任意
の色に変更しましょう。

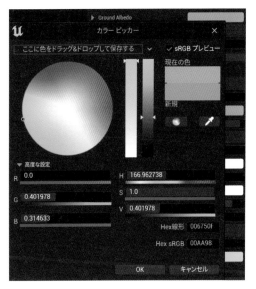

図 12-28 Ground Albedo

カラーを変更した際、空だけでなく雲の色にまで影響が及んでいることに注意しましょう。
のちに紹介するアートディレクションのSky Luminance Factorは空のみの色を変更すること
ができるもので区別しておくといいです。

カラー変更前

カラー変更例　水色を加えて空の青をより鮮やかに

カラー変更例　赤～紫を加えてノスタルジックに

図 12-29 Ground Albedo の変更例

● アトモスフィア

　大気の厚みを決める項目です。光の角度によっては違いが感じられにくいですが、厚みが変われば光が散乱される層の厚みが変わるということなので明るさや色味に影響します。

図 12-30　アトモスフィア

Atmosphere Height 60(デフォルト)　　Atmosphere Height 120　　　　Atmosphere Height 5

図 12-31 Atmosphere Height による景色の違い

● アトモスフィア-レイリー散乱

レイリー散乱は、空気中の細かい粒子による光の散乱現象です。自然界ではこのレイリー散乱により青い空や夕日の赤い色などの現象を説明できます。

図 12-32 アトモスフィア-レイリーの設定項目

光の波長と空気中の微粒子を比べた時、粒子サイズが小さいときにレイリー散乱が起こります。太陽光のうち、波長の短い青色の光は空気中で散乱されやすく地上に降り注ぐことから、私たちの生活する地球上では空が青く見えます。一方で、太陽が沈む頃には散乱されにくい赤色の光が直進して地上に届きます。一方で青い光は散乱されており、高度の低い太陽から私たちの元へは届きません。こうして夕やけは赤く見えるわけです。

Rayleigh Scattering Scale はレイリー散乱の影響の大きさです。値が小さければ青い光の散乱が弱まることを意味しています。すなわち、空の青色は失われ夕焼けのような情景をつくり出すことが可能です。

Rayleigh Scattering Scale 0.0331（変更前）　　　Rayleigh Scattering Scale 0.2

図 12-33 Ray Scattering Scale による景色の違い

Rayleigh Scattering は散乱される光の色です。青色を設定すればレイリー散乱によって生じる空の青色をコントロールすることができます。

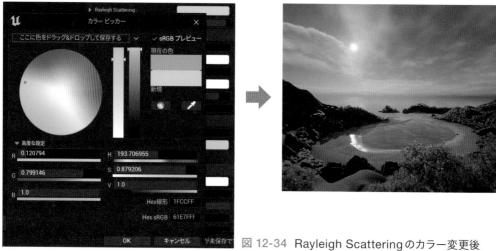

図 12-34 Rayleigh Scattering のカラー変更後

Rayleigh Exponential Distribution は、レイリー散乱の効果が指数関数的に減衰して40%になる標高（km）を決めます。レイリー散乱は大気による光の散乱ですから、標高が高くなれば高くなるほど空気は薄まり、散乱は弱まります。

図 12-35 Rayleigh Exponential
Distribution 20

• アトモスフィア - ミー散乱

ミー散乱は光の波長に対して散乱させる粒子の同等か大きさが大きい場合に起こります。空気中の霧や靄（もや）を表現することが可能です。ただし、Sky Atmosphere によって生じる霧や靄は、あくまで上空の表現の一部として現れます。プレイヤーが走り回るワールド空間内に靄がかかるわけではないことに注意しましょう。

図 12-36 アトモスフィア - ミーの設定項目

Mie Scattering Scale を大きな値に変更すると、ミー散乱の影響により空が靄で曇ることが確認できます。

Mie Scattering Scale 0.003996(変更前)

Mie Scattering Scale 0.1

図 12-37 Mie Scattering Scale による風景の違い

Mie Scattering は散乱される光の色です。

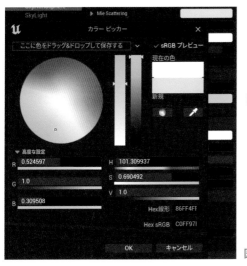

図 12-38 Mie Scattering カラー変更後

Mie Absorption Scale は光の吸収量です。値が大きいほど大気中に吸収されるため、くもり空を表現するときなどに活用するといいでしょう。

Mie Absorption は吸収される光の色です。吸収されるためビューポートではその色が弱まります。つまり、色相環において吸収に設定したカラーの反対側のカラーが空に現れることになります。

図 12-39 Mie Absorption Scale 0.1

285

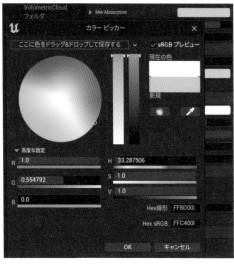

図 12-40 吸収カラーを橙色に

図 12-41 色相環における橙色の反対にある青色っぽくなる

• Mie Anisotropy（ミー散乱の異方性）

ミー散乱の散乱イメージにもある通り、大きな粒子によって散乱する光は向きを持ちます。大きいほど一方向にまとまって散乱しやすくなり、0なら全方向一様に散乱します。ここではMie Scattering Scaleを少し大きくして違いを確かめましょう。

Mie Anisotropy 0.8

Mie Anisotropy 0.0

図 12-42 Mie Anisotropyによる景色の違い（Mie Scattering Scale 0.01）

Mie Exponential Distributionはミー散乱が40％に減衰する標高（km）を決めています。ミー散乱は霧や靄の表現ですから、それらが現れる大気の厚みが変わります。上空の光の散乱量が少し変わる程度なので、おそらくその違いは感じにくいでしょう。

図 12-43 Mie Exponential Distribution 10

● アトモスフィア - 吸収

ミー散乱の吸収と同じく、色相環において設定したカラーの反対側の色が強く出ることに注意しましょう。

図 12-44 アトモスフィア - 吸収の設定項目

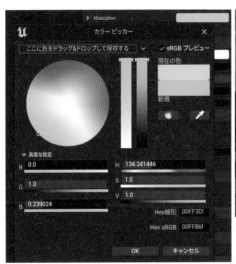

図 12-45 Absorption Scale 0.01、Absorption カラー変更

● アートディレクション　空気遠近

アートディレクションでは主に空気遠近を調整します。空気遠近とは、遠くの風景ほど青みがかり、ぼやける現象のことです。

図 12-46　アートディレクションの設定項目

Sky Luminance Factor は空の色を変更します。Sky Luminance Factor では雲の色は変わらず、雲の上の空の色のみ変わっていることに注目しましょう。

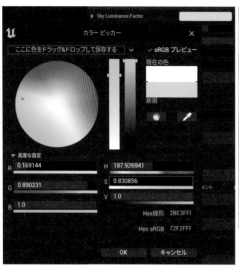

図 12-47 Sky Luminance Factor の色変更

Aerial Perspective View Distance は空気遠近の強さです。

まるで雲とライトの位置関係が変わるように、雲の下に影をつけることができます。値が小さいと雲の上の空間が立体的に感じられ、逆に大きい雲とその上空の境がわかりにくくなります。

Aerial Perspective View Distance 0.0 　　　　Aerial Perspective View Distance 3.0

図 12-48 Aerial Perspective View による景色の違い

Transmittance Min Light Elevation Angle は、太陽の光の進み方を調整することができます。特に太陽が沈みかけたときに、光が地面に到達できるようにするのに役立ちます。Directional Light を回転して水平線に太陽がぎりぎり沈む位置に移動します。

図 12-49 Transmittance Min Light Elevation Angle -90

　細かな位置調整には回転のスナップをオフにしておくといいでしょう。

　Transmittance Min Light Elevation Angle をマイナス90からプラス90に変更します。夕日のように赤くなって光の届く量も少なかったのが、白色の光が多く届くようになります。これにより島の上の木の影などがくっきり出ていることにも注目しましょう。

　Aerial Perspective Start Depth は空気遠近の効果の計算を開始するカメラからの距離です。

図 12-50 Transmittance Min Light Elevation Angle 90

12-2-2 Exponential Height Fog

　指数関数的高さフォグとも呼ばれる空間中のフォグ（霧）を表現する要素です。名称の通り、カメラからの距離に応じて指数関数的に霧の濃さが変化していきます。**アウトライナー** → Lighting → Exponential Height Fog を選択しましょう。

図 12-51　アウトライナー上の Exponential Height Fog

・指数関数ハイトフォグコンポーネント
　フォグ密度は霧の濃さです。直接入力することで0.1のような大きな値も設定可能です。

図 12-52　指数関数ハイトフォグコンポーネントの設定項目

フォグ密度 0.1　　　　　　フォグ密度 0.05　　　　　　フォグ密度 0.001

図 12-53　フォグ密度による景色の違い

　フォグ高さフォールオフは、標高が下がるにつれて霧を濃くするパラメータです。値が小さいほど低い高度の霧が濃くなります。

フォグ高さフォールオフ 0.2　　　　　　　　　　フォグ高さフォールオフ 0.05

図 12-54　フォグの高さフォールオフによる景色の違い

Fog Inscattering Colorでフォグの色を決めます。

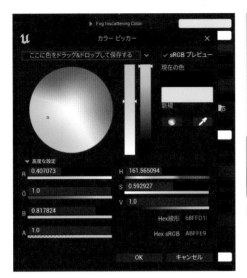

図 12-55 Fog Inscattering Color

図 12-56 Fog Inscattering Color 変更後

　これ以降のパラメータは変化がわかりやすいよう、フォグ高さフォールオフを0.01で比較していきます。
　Fog Max Opacityは霧の最も濃い部分の不透明度です。値が大きいほど霧が濃くなります。

Fog Max Opacity 1.0

Fog Max Opacity 0.001

図 12-57 Fog Max Opacityによる景色の違い

　Start Distanceはカメラの位置からどのくらい離れると霧が発生するかを調整できます。値が大きいほどカメラの近くでは霧が発生しません。

Start Distance 0.0　　　　　　　　　　　Start Distance 100000

図 12-58 Start Distance による景色の違い

● ボリュームトリックフォグ

　空間中の霧を表現する機能です。指数関数的
高さフォグとは異なり、物理的に正しい霧の表
現ではないことに注意してください。
Volumetric Fog にチェックを入れて有効化し
ます。

　Scattering Distribution は霧によって散乱す
る光の分布を意味します。0.0 なら全方位に散
乱します。

図 12-59 ボリュームトリックフォグの設定項目

Volumetric Fog 有効前　　　　　　　　　Volumetric Fog 有効後

図 12-60 Volumetric Fog の効果(Scattering Distribution 5.0)

Albedoで霧の色を変更します。

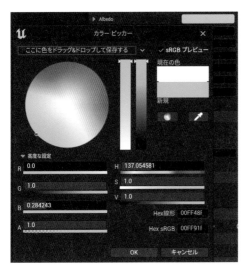

図 12-61 Albedo 色変更

図 12-62 Albedo カラー変更後

Emissiveは指数関数的高さフォグによって散乱する光の色を決めます。

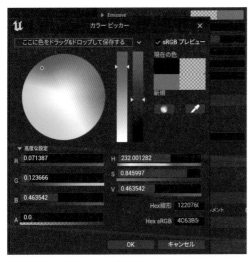

図 12-63 Emissive 色変更

図 12-64 Emissive カラー変更後

Extinction Scaleは霧によって弱められる光の強さを調整します。Scattering Distributionと合わせて値を変更してみましょう。

Scattering Distributionが0.9では光の散乱が元の光の進む方向に集まります。Extinction Scaleが大きいことで直進する光が強調されるのがわかります。

Extinction Scale 10.0、Scattering Distribution 0.2 　Extinction Scale 10.0、Scattering Distribution 0.9

図 12-65 Extinction Scale と Scattering Distribution による景色の違い

View Distance はボリュメトリックフォグの効果を開始するカメラからの距離です。ここまでの設定を引き継いだまま比較してみましょう。

View Distance 1000　　　　　　　　　　　　View Distance 10000

図 12-66 View Distance による景色の違い

12-2-3 ライティングを完成させよう

以上がライティングで注目しておきたい要素（コンポーネント）と設定項目です。

Sky Light、Directional Light、Sky Atmosphere、Exponential Height Fog の4要素を使い分けて環境を整えましょう。もちろん初期設定のままでも十分に美しい情景を得られるのが Unreal Engine の魅力でもあります。

次に解説するポストプロセスと合わせて、最後に微調整を行ってもよいでしょう。

CHAPTER 13

ポストプロセスを
理解しよう

本章では、Unreal Engine における後処理について解説
します。後処理は、ゲームや映像制作において、重要な
仕上げの一つです。まず、PostProcessVolume の概要
について説明し、その後、レンズエフェクトやカラーグ
レーディングについて詳しく解説します。カラーグレー
ディングでは、温度やグローバル設定など、様々な設定
があり、それらを調整することで、ゲームや映像の雰囲
気を大きく変えることができます。

13-1 後処理を加えよう

13-1-1 PostProcessVolume の概要

　ポストプロセスを使用することで、カメラから覗くこの世界に対しさまざまな視覚効果を加えることができます。この章では特に押さえておきたい項目をピックアップし、実際に違いを確認しながら、ポストプロセスの機能を幅広く解説していきます。

　ポストプロセスの効果を知るには公式ドキュメントのポストプロセス解説ページも役に立ちます。効果追加前後の画像比較がありますので、ぜひあわせてご覧ください。

公式ドキュメント

https://docs.unrealengine.com/5.1/ja/post-process-effects-in-unreal-engine/

　まずは、デフォルトで用意されているポストプロセスのアイテムをアウトライナーで確認しましょう。

　PostProcessVolume を選択します。

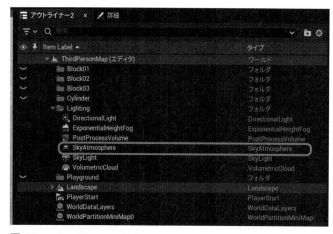

図 13-1　PostProcessVolume

　もし見つからない場合は**クイック追加メニュー→ボリューム→**PostProcessVolume で新たに追加します。

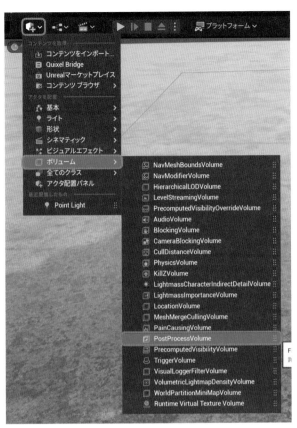

図 13-2　クイック追加メニュー→ボリューム

　ポストプロセス処理中に、重い処理によりプロジェクトが強制終了することがありますので、ここで一度忘れずに保存しておきましょう。

13-1-2 レンズ

　PostProcessVolumeを選択したら詳細パネルを確認します。

　まずはじめにレンズの設定から見ていきましょう。

図 13-3　PostProcessVolumeの詳細パネル　レンズ

● Bloom

Bloomは光の輝きを加えます。各項目にチェックを入れて**有効化**しましょう。

強度を**5**に引き上げ太陽を見上げると、光がぼんやりと輝きが増すのがわかります。

図 13-4 Bloom の設定

図 13-5 デフォルト設定の状態

図 13-6 強度5.0に変更(太陽の輝きが増す)

次にしきい値を **-0.1** に変更します。

明るさ(輝度)に対してしきい値を設け、一定値以上に明るい箇所だけBloomを適用するものです。**すべてにブルームを与えるには-1.0**を設定します。値を引き上げると明るい部分のみにBloomの効果が制限されます。

図 13-7 しきい値-0.1(Bloom
が一部に制限される)

メソッドには**Standard**と**Convolution**が存在します。

Convolutionでは**星のような輝きを追加**することができます。StandardのBloomに比べて処理負荷が高くハイエンド向け機能とされています。**ゲームなどのワールド用には向かないこと**を覚えておきましょう。**畳み込み散乱分散の数値**によって、星形の筋の広がり具合を調整可能です。Bloomの強度との違いを確かめながら変更してみてください。

図 13-8 Convolutionメソッドと畳み込み散乱分散

図 13-9 畳み込み散乱分散によって光の筋のサイズが変わる

● Exposure

露出に関する項目です。カメラが取り込む光の量を調整し、この世界を見た時の明るさに変更を加えます。**露出補正**を変更してみましょう。

図 13-10 露出補正1.0

図 13-11 露出補正2.0

● Chromatic Aberation

日本語で**色収差**を意味します。赤緑青のような光の色の成分がカメラのレンズを通すことでズレてしまう現象をポストプロセスによって意図的に再現します。

強度を**5.0**に引き上げると画面内の風景の色が分離してぼやけるのがわかります。被写界深度のようなピンボケではなく、色ごとのボケであることに注目しましょう。**開始オフセット**を変更することで**画面中央の色収差を抑制**することも可能です。

図 13-12　強度5.0

図 13-13　開始オフセット0.5 (画面中央は影響していない)

● Dirt Mask

　カメラのレンズに汚れがついている状態を表現します。汚れをつくるためのテクスチャを設定し、汚れマスク強度で画面内に現れる強さを決めます。汚れマスク色合いで色を加えることも可能です。

　今回はスタータアセットとしてデフォルトで用意されている**T_Burst_M**テクスチャを選択し、適当な色を付けて確認してみましょう。もし同じテクスチャが見つからなければ、どんなもので試しても構いません。

図 13-14　テクスチャの設定画面と設定後の風景

● LensFlares

レンズフレアはカメラで太陽を覗き込んだ時などに、レンズへ強い光が差し込みカメラ内で反射することで起こる現象です。

強度はレンズフレアの効果の強さ、色合いはフレア全体の色味、ボケサイズは円形や多角形のフレアの半径（大きさ）しきい値はフレアが発生するかどうかを決める光の強さの境目です。レンズフレアそのものは、実際のカメラの写真撮影という意味では積極的に加えたいものではありませんが、強い日差しの表現方法の一部として利用することができます。それぞれの項目を実際に変更しながら確認してみましょう。

図 13-15 Lens Flares のデフォルト設定

強度を大きくするとレンズフレアの効果がはっきりと濃くなります。

図 13-16 Lens Flares の様子（デフォルト設定）

図 13-17 強度5.0のLens Flares の様子

色合いを変更すると複数の反射によって生成しているフレアすべての色が変更されます。

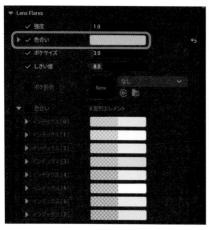

図 13-18 色合い一括変更

　ボケサイズを大きくするとフレア
のサイズが大きくなります。

図 13-19 ボケサイズ8.0

　しきい値を下げるとより多くの光
がレンズフレアに寄与するため効果
が大きくなります。

図 13-20 しきい値0.1

カメラ内の各反射によって生じるフレアの色合いは個別に変更することもできます。

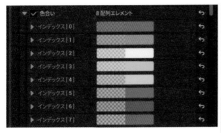

図 13-21 色合い個別変更

• Image Effect

Image Effectではカメラで捉えた枠内の外周に影を落とすことができます。

ビネット効果強度を引き上げてみましょう。効果の有無で作品の印象は大きく変わります。

図 13-22 ビネット効果強度0.4

図 13-23 ビネット効果強度1.0

• Depth of Field

Depth of Fieldは被写界深度、つまり**カメラのピンボケをつくるポストプロセス**です。

手前に木々をおいて遠くの風景を眺めてみます。被写界深度の設定前には、すべての距離でピントが合っていることを確かめましょう。

図 13-24 Depth of Field 焦点距離オフ

CHAPTER **13** ポストプロセスを理解しよう

　その後、Depth of Fieldの**焦点距離**を設定します。今回の場合では焦点距離**50**程度で手前の草花にピントが合っています。一方、遠くの景色のボケは僅かでやや大人しい印象です。

図 13-25　焦点距離50（遠くがややぼやける）

　続いて、**ブラー深度半径**を有効化します。ブラー深度半径はボケ量を調整する項目です。値を**50**に設定すると、先ほどよりもはっきりと遠方の景色がぼけています。

図 13-26　ブラー深度半径50（遠方がよりボケる）

　さらに50%でのブラー深度を設定するとボケ量が最大値の50%のときのボケ量を決めることもできます。小さな値にすれば中距離のボケ量が減少していきます。

図 13-27　50%でのブラー深度（中距離のピンボケ量が減少）

● レンズの設定例

　ここまでに紹介したポストプロセス、レンズの設定一例を以下に示します。撮影に際しては、ここまでに学んだことを活かして、Quixel Bridgeからさまざまなスタティックメッシュを持ち込みカメラの前に配置してみましょう。

図 13-29　レンズ設定例

図 13-28　設定例一覧

13-2 カラーグレーディングを調整しよう

13-2-1 Temperature

　次はカラーグレーディングについて確認していきましょう。ポストプロセスの中でも、撮影する作品の雰囲気を決定づける項目が多くあり、レンズと同じくらい重要な設定項目です。

　まずは、Tempretureです。日本語で**色温度**を意味します。ライティングの章でも少し触れていますが、温度が高ければ青白く、低ければ橙になります。並ぶ色合いは緑とマゼンダ（ピンク）に変化します。

図 13-30　最終的な設定例

　Temperatureの温度タイプには**White Balance**と**Color Temperature**の2つがありますが、特に変更する必要がありません。値の大小と青白＆橙が変化する関係性が逆になるだけです。

図 13-31　温度タイプ

　ここで登場するホワイトバランスという言葉からもわかる通り、本来このTemperatureの項目で行う色調整の目的は、白色を真に白色として表現するための微調整です。

　図13-32の色相環を見てください。光は赤緑青の3原色で構成され、均等に混ざり合うと白色となります。つまり混ざる色のバランスが取れた状態が白であるということです。Temperatureで色温度を引き上げると映る画が青白くなります。逆に引き下げれば橙色になりました。これは色相環における対角の関係です。

　本来白で見えるはずのものが橙色側にずれていれば色温度を上げてバランスをとり白色であるべきところを真に白色に近づけるという意図になります。緑とマゼンダも色相環で、青白＆橙とは90度異なる対角の位置にあることがわかり、この方向の色ずれを調整する機能であるとわかります。

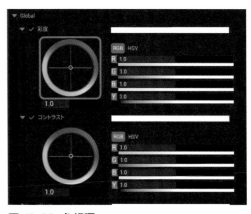

図 13-32　色相環

　本来城を正しく表現するためのホワイトバランスですが、実際には作品の印象を意図的に変えるために使用されることもしばしばです。食べ物に対しては色温度を低くして温かで美味しそうに、夜景に対して色温度を上げて寒々しくといったイメージです。

🖊 ホワイトバランスの活用

　白色を正しく表現するためのホワイトバランスですが、作品のイメージを調整することにも活用されます。

　極端な設定例ではありますが、次の色温度15000と3000を見比べれば一目瞭然です。ホワイトバランスの変更により感じられる季節感も異なってくるでしょう。

温度15000　　　　　　　　　　　　　　　　　温度3000

図 13-33　温度による風景の違い

　作品の印象を変えるために色合いを変更するモチベーションは大きくはないですが、どのように色がシフトするかをしっかり理解しておきましょう。

色合い1.0　　　　　　　　　　　　　　　　　色合い-1.0

図 13-34　色合いによる風景の違い

13-2-2 Global

Globalではカメラに映るあらゆる部分（明るいところ、中間、影になるところ）の彩度、コントラストなどを一括で変更することができます。

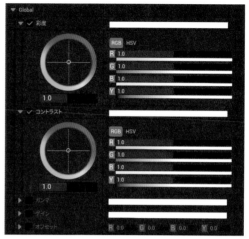

図 13-35 Globalの詳細パネル

彩度 2.0（色鮮やか）

彩度 0.0（白黒画像）

コントラスト 1.3（明暗の強弱を強める）

図 13-36 Globalの設定による風景の変化

明るい部分（HightLights）、中間の明るさ（Midtones）、影になる部分（Shadows）それぞれ個別に調整することも可能です。

図 13-37 明るさごとの個別の調整も可能

CHAPTER 14

静止画と動画を
撮影しよう

本章では、Unreal Engine による動画撮影と編集について紹介します。静止画の撮影やカメラコントロール、シーケンサを使ったアニメーションの作成方法について学びます。また、撮影した動画を編集するために必要なアニメーションキー、カメラの切り替え、カーブエディタ、カメラシェイクについても解説します。最終的に、動画のレンダリングについても触れます。

14-1 動画を撮影してみよう

14-1-1 静止画の撮影とカメラコントロール

[F9] を押すことにより、スクリーンショットによって静止画を簡単に撮影することができます。望む画を撮るにはカメラのコントロールが必要です。本章ではカメラ設定とコントロール方法について学んでいきましょう。

● 画角

カメラが捉える画角を設定します。ビューポート左上の ▤ を開き、画角を変更しましょう。デフォルト値は90度になっているはずです。

画角とはカメラからどのくらいの範囲を像としてとらえるかを決定します。画角が大きくなれば島の広い範囲がカメラに収まり、逆に小さくすれば局所しか映りこまなくなります。画角が変わると映りこむ範囲が変わることで、島などの対象物との距離感が変わることにも注意しましょう。

図 14-1 画角の設定

画角90°

画角120°

画角60°

図 14-2 画角による見え方の違い

● ゲームビュー

スクリーンショットを行う場合や別でスクリーンショットを行う場合などに、選択物のギズモやワールド座標軸表示などが邪魔になることがあります。静止画の撮影の際には、ビューポート上で [G] を押して、このような制作物とは無関係な表示を一括でオフにしましょう。

図 14-3 通常のビュー(ギズモなどが表示されている)

図 14-4 ゲームビュー G

● カメラの追加とカメラビュー

ここまでに私たちがビューポートで眺めている視点もデフォルトで用意されているカメラから見た像です。これとは別に、スクリーンショットによって静止画を撮影するためのカメラを用意しましょう。

クイック追加メニュー→シネマティック→Cineカメラアクタを選択します。これでアウトライナーに新たにカメラが追加されます。

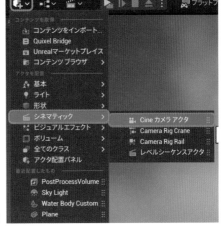

図 14-5 撮影用カメラの用意

アウトライナーでカメラを選択しているとビューポートに小窓が表示され、選択中のカメラから見たビューを確認することができます。

図 14-6 選択カメラのビュー

● カメラ設定とスナップ移動

今見ている視点に選択中のカメラを移動します。カメラを右クリックし、**オブジェクトをビューにスナップ**を選択します。選択しているカメラオブジェクトは私たちが見ている視点に揃うように移動します。

図 14-7　今の視点にカメラを移動

図 14-8　スナップ移動後のカメラビュー

　選択しているカメラの詳細パネルで焦点距離の設定が可能です。**現在のカメラの設定→フォーカス設定→**Current Focal Length を 10 に設定してみましょう。

図 14-9　Current Focal Length　10

図 14-10　Current Focal Length 変更後

　もし、自分の見ている視点（ビュー）を選択しているカメラに揃えたい場合は、カメラを選択して右クリックし、**ビューをオブジェクトにスナップ**を選択してビューを移動させましょう。

図 14-11　カメラのビューに
現在のビューを移動する

● パイロットモード

　アウトライナー上でカメラを選択してもカメラのビューを確認できる小窓が表示されるだけで、ビュー全体に表示されません。選択したカメラに乗り、そのカメラから見た視点をビューポート全体で確認するためには、パイロットモードに移行する必要があります。

　アウトライナー上でカメラを右クリックし、**CineCameraActor をパイロット**を選択します。すると、カメラから見たビューがビューポート全体に反映され、かつ自分で視点を移動するとカメラが一緒になって移動してくれます。実際のカメラから見える情景を確認しつつ、微妙なカメラ位置を調整したい場合に、このパイロットモードが非常に役立ちます。

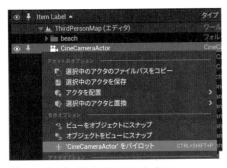

図 14-12　カメラをパイロットする

図 14-13　パイロット中のビューポート

　パイロットモード中に改めてカメラを右クリックし**CineCameraActorの操縦を停止する**を選択することでパイロットモードを終了することができます。画面左上の上矢印ボタンでも、パイロットモードを終了することができます。

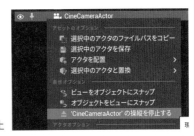

図 14-14　パイロットの停止

• 高解像度スクリーンショット

　F9 を使用したスクリーンショットの他にも静止画を撮影する方法があります。から、高解像度スクリーンショットを選択します。

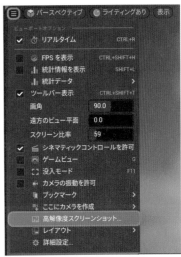

図 14-15　高解像度
スクリーンショット

　選択後に表示される小ウィンドウで"キャプチャ"を選択すると所定の場所（開いているプロジェクトが保存されているフォルダ内）にスクリーンショットが保存されます。

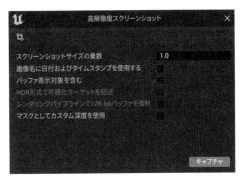

図 14-16　高解像度スクリーンショット

高解像度スクリーンショットで撮影される静止画の縦横サイズは、パイロットモードで操縦しているカメラの詳細パネルで変更できます。現在のカメラ設定、Filmbackの中にある**センサーの幅**と**センサーの高さ**を変更しましょう。変更するとFilmbackのタイプが自動でCustomに切り替わります。

図 14-17 センサーの幅と高さ変更

図 14-18 撮影サイズ例

✅ 高解像度スクリーンショットと F9 によるスクリーンショットの違い

高解像度スクリーンショットでは、カメラの設定で指定した縦横サイズで画像が出力されます。一方、 F9 を使用したスクリーンショットでは、ビューポートの枠内すべてが画像として出力されます。

例えば正方形の静止画を撮影した場合には図14-19のような違いが見られます。 F9 では、カメラの撮影範囲外の黒いエリアが残ることに注意しましょう。

図 14-19 高解像度スクリーンショット(左)と F9 によるスクリーンショット(右)

高解像度スクリーンショットの設定でスクリーンショットサイズの乗数を変更すると、撮影される静止画の解像度（縦横のピクセル数）を変えることができます。

　撮影した静止画のプロパティの詳細を確認すると、画像の縦横のピクセル数が乗数によって変わっていることがわかります。

全般	セキュリティ	詳細	以前のバージョン
プロパティ	値		
元の場所			
撮影日時			
イメージ			
大きさ	863 x 863		
幅	863 ピクセル		
高さ	863 ピクセル		
ビットの深さ	32		

全般	セキュリティ	詳細	以前のバージョン
プロパティ	値		
元の場所			
撮影日時			
イメージ			
大きさ	1726 x 1726		
幅	1726 ピクセル		
高さ	1726 ピクセル		
ビットの深さ	32		

図 14-20　スクリーンショットサイズの乗数1.0（左）と2.0（右）

14-1-2 シーケンサ

　動画の撮影にはシーケンサを使用します。
　シーケンサは複数のカメラのカットを組み合わせたり、カメラに対して手ぶら効果を加えるタイミングなどを管理したりすることができます。

● シーケンサの追加

　シーケンサを追加するためにコンテンツドロワーを開きます。（[Ctrl] + [Space]）最上位のコンテンツを開き、コンテンツドロワーの欄内で右クリックしましょう。

　メニューの中から**コンテンツの追加／インポート→シネマティック→レベルシーケンス**を選択します。レベルシーケンスは、現在開いているレベル（マップ）にのみ適用されるシーケンスです。

　選択後はコンテンツドロワーにレベルシーケンスが追加されています。任意に名前を変更しておきましょう。本書ではMyLevelSequenceとしました。

図 14-21　レベルシーケンス

アイコンをダブルクリックすると、シーケンサのエディタが立ち上がります。

図 14-22 ダブルクリックでシーケンサのエディタを立ち上げる

● カメラトラックの作成

シーケンサに現在存在しているカメラを呼び込みましょう。シーケンサ左上の **+トラック** から**シーケンサへのアクタ**を選択します。さらに、**CineCameraActor**を選択して、カメラトラックを生成します。

図 14-23 CineCameraActor の追加

シーケンサエディタの左側にCine CameraActor の項目が追加され、Current Aperture や Transform などカメラの制御によく用いられる項目（プロパティ）が下に並びます。これらのトラックは右クリックから削除をはじめとしたさまざまな操作を行うことができます。

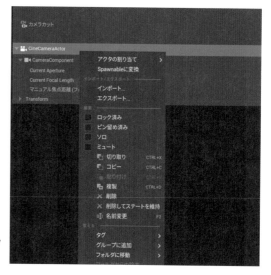

図 14-24　カメラカットトラックは右クリックで削除可能

カメラトラックの追加方法にはもう1つあります。**＋トラック→カメラカットトラック**を選択します。

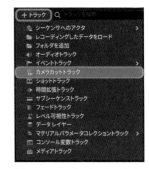

図 14-25 カメラカットトラックの追加

この方法では、中身が空っぽのカメラトラックが追加されます。カメラトラックの右端にある ＋カメラ から CineCameraActor を選択してトラックに割り当てます。CineCameraActor を割り当てるとカメラカットには CineCameraActor が捉えている映像が表示され、CineCameraActor という名前のカメラトラックが生成したことがわかります。

図 14-26 CineCameraActor の割り当て直後

カメラトラックとは、1つのカメラで捉えている映像素材といったイメージです。カメラが複数あり、すべてを映像素材として使いたければ、同じ数だけカメラトラックが必要になります。

一方、カメラカットに映るものは、それらカメラトラックから映像を切り出し、結合して得られる最終的な映像作品です。カメラトラックとカメラカット、それぞれ素材と最終作品であるという区別を持っておきましょう。

> **！ 最終出力される映像**
>
> カメラカットに表示されるのが最後に出力される映像です。

さて、**＋トラック→シーケンサへのアクタ**でカメラトラックを追加した際は、あらかじめTransform などのカメラ制御パラメータを記憶するためのトラックが用意されていました。一方で、カメラカットトラックを用意すると、これらカメラ情報のトラックは存在しません。シーケンサでは、カメラの制御パラメータにキーと呼ばれる目印をつけることにより、カメラの動くアニメーションやカメラボケなどの視覚効果を、映像作品の時間の流れの中で操ることができます。キーについては、このあと詳しく解説しますが、ここでトラックにキーを挿入してみましょう。

カメラを選択した状態で、カメラの詳細パネルを確認します。例えばフォーカス設定の Current Focal Length と Current Aperture にキーを挿入します。入力欄の右側に 🌐 が添えられているのがわ

図 14-27 Cine Camera Actor の詳細パネルでキー追加

かります。このマークをクリックしてみましょう。

シーケンサのトラックを改めて確認すると
Current ApertureとCurrent Focal Lengthの2
つがクラックに加わっています。さらに が ト
ラックに追加されています。これがキーと呼ば
れ、この時間におけるカメラの状態を記憶させ
た目印です。

図 14-28 トラック内にキーが追加される

● シーケンサの作業画面

カメラトラックが追加できたところで、シーケンサのエディタについて解説しておきましょ
う。

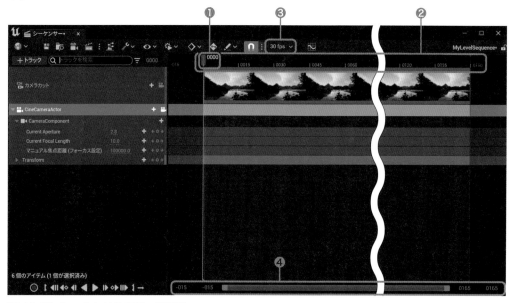

図 14-29 シーケンサのエディタ画面

トラックとは、シーケンサに表示された "行" であり、カメラやカメラの制御パラメータな
どをトラックとして管理することができます。トラック名の左にある をクリックすればト
ラック内の詳細パラメータを表示したり、再度クリックしてトラックを最小化することもでき
ます。

作業中に滞在しているフレーム数はタイムライン上の赤いつまみ①で表示されています。本
書では現在フレームと呼ぶこととします。

現在フレームは左ドラッグ、もしくはタイムライン上を左クリックすることで移動できます。
またキーボードの←または→で1フレームずつ移動できることも合わせて覚えておきましょう。

タイムラインには緑と赤の縦線が引かれています。これは映像として出力する開始点と終了
点を示しており、緑が開始点、赤が終了点です。現在フレーム同様の操作で移動することがで

きます。

　エディタの左右方向が時間軸です。各トラックでは左から右へ時間が流れていきます。この時間の流れをタイムライン呼ぶこともあります。タイムラインを流れる映像は何枚もの画像の集まりで、いわばパラパラ漫画のようなイメージです。一つの画像を映し出す1コマのことをフレームと呼びます。シーケンサの上部②にある0000から始まる数字はタイムラインのフレーム数を示します。タイムライン上で左クリックすれば、滞在する現在時間（現在フレーム）を変更することができます。

　1秒間にいくつのフレームを使って映像を描写するかがフレームレートです。Frame per second の略でfpsと表記されます。シーケンサ上部に確認できる③は1秒間に30フレーム、つまり30枚の画像で映像をつくるという意味になります。

　タイムライン下部のバー④では、タイムラインの表示範囲を変更することができます。映像の出力範囲とは関係がありませんので、あくまで作業するときの表示範囲であることに注意しましょう。

　バーのつまみをドラッグするか、あるいは数字をダブルクリックして直接入力で編集します。

14-2 撮影した動画を編集しよう

14-2-1 アニメーションキー

ここからはアニメーションキーについて詳しく解説していきます。以降はアニメーションキーのことを簡易的にキーと呼びます。

解説がわかりやすいように、**＋トラック→シーケンサへのアクタ→CineCameraActor**を追加した状態から始めましょう。この操作ではあらかじめTransformのトラックが用意されています。

図 14-30 Transformの準備

● キーの挿入

キーの挿入は非常に簡単です。各項目の右端にある⊕をクリックすると、現在フレームにキーが挿入されます。その両隣の矢印は、そのトラックにある隣のキーの位置まで現在フレームを素早く移動してくれるボタンです。

キーの挿入はショートカットキーがおすすめです。キーを挿入したいフレームに現在フレームを合わせ、その後エディタ上で Enter を押すだけでキーの挿入ができます。キーが挿入されるとタイムラインに◆が目印として表示されます。キーの削除は、選択して Delete で行うことができます。

🔑 キーの挿入方法

キーの挿入は Enter 、削除は Delete で行うことができます。

図 14-31 Transformへのキー挿入後

• キーの編集ツール 選択をトランスフォーム

シーケンサ上部のをクリックするとキーに対するさまざまな編集を行うことができます。トランスフォームの中の**選択をトランスフォーム**を選択しましょう。

図 14-32 レンチマーク
選択をトランスフォーム

選択すると、タイムライン左上に小さなウィンドウが表示されます。ウィンドウは×ボタンで削除できます。

このツールは選択しているキーを素早く移動できるものです。例として左側の数値欄に10を、右側には0.5を入力しましょう。左側の数値は**キーを左右に移動**するときに、右側の数値は複数選択した**キーの間隔を詰めたり拡げたりする**ときに使用します。

Transformのトラックの0、30、60フレーム目にキーを挿入します。[Enter]を使って素早く行いましょう。その後、[Ctrl]または[Shift]を押しながら、3つのキーを複数選択します。

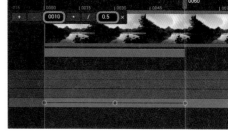

図 14-33 キーの複数選択 (トランスフォームの設定例:左に10、右に0.5)

■では選択中のキーにフレーム数を足すことができます。足されるフレーム数はツール左側の数値欄に入力した値です。フレームが足されるため、タイムライン上ではキーが右方向に移動します。

図 14-34 選択中のキーが
10フレーム右にずれる

■では逆にフレーム数を引き、タイムライン上でキーを左方向に移動することができます。

図 14-35 選択中のキーが
10フレーム左にずれる

　■・は複数選択したキーの間隔を狭めたり拡げたりすることができます。現在はツール右側の数値に0.5が入力されているので、30フレームあった間隔が15フレームに縮小されます。

図 14-36　選択中の
キーの間隔が縮まる

　■／を押せば、間隔を0.5で割るので、元の間隔の2倍になります。この動きは数値2で乗算した■・ときと同様です。

　拡大縮小を行う場合には現在フレームの位置が重要です。3つのキーを複数選択して拡大縮小する場合、間隔は現在フレームの位置を基準に変化します。例えば中央のキーに現在フレームを合わせると、中央のキーは移動しません。

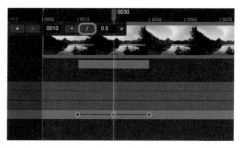

図 14-37　現在フレームを基準にフレーム間隔が変化する

● キーの編集ツール 伸縮

　キーの編集には伸縮ツールも便利です。シーケンサの■を開き、中から伸縮を選択します。

図 14-38　伸縮

　伸縮ツールでは現在フレームより左（または右）に数値で指定したフレームを挿入することができます。例として入力する数値は両方10にし、現在フレームを45に移動しましょう。

　その後■＞をクリックしましょう。45フレームより右側に10フレームが追加され、60フレーム目のキーが70フレーム目に移動したことがわかります。この操作はキーフレームの選択をする必要がありません。現在フレームの位置のみ気を付けて行いましょう。

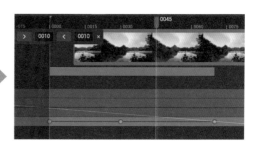

図 14-39　10フレームの追加

• カメラの移動アニメーション

　カメラのTransform（位置や向き）にキーを挿入して、カメラのアニメーションを作成しましょう。CineCameraActorをアウトライナーで右クリックしパイロットモードにします。

　カメラの視点をビューポートで確認しながらアニメーションの開始位置を決めます。位置と向きが決まったら、カメラのTransformトラックを選択し、Enter でキーを挿入しましょう。

　次に現在フレームを60に移動します。再びビューポート上で、パイロットしたカメラを移動してアニメーションの終了位置に置きます。位置と向きが決まったらキーを挿入しましょう。

図 14-40　カメラの開始位置（0フレーム）と終了位置（60フレーム）

• シーケンサの再生

　これでカメラアニメーションをつくることができました。Space で再生して確認しましょう。停止も Space で行えます。

　アニメーションの再生管理にはシーケンサ左下のメニューを使用します。タイムラインの最初に戻ったり、一つ前のキーが存在する場所に戻ったりすることができます。一番右の矢印➡を切り替えるとループ再生も可能です。

図 14-41　再生管理

14-2-2 カメラの切り替え

● 2つ目のカメラのアニメーション

1つのカメラにアニメーションを作成し、パイロットモードによってビューポート上で確認することができました。

次は、カメラをもう一つ用意してアニメーションを作成し、途中でカメラを切り替えてみましょう。CineCameraActorをもう一つ追加します。**クイック追加メニュー→シネマティック→Cineカメラアクタ**を選択しましょう。

アウトライナーで名前をCineCameraActor2と変更します。名前の変更は選択後 F2 で行うことができます。

シーケンサに戻り、**＋トラック→シーケンサへのアクタ**を選択し、CineCameraActor2を呼び出します。追加後、邪魔であればCineCameraActorはトラック左端の▶で最小化しておきましょう。

CineCameraActor2のアニメーションをつくるためパイロットモードに移行します。ビューポート上で確認しながら60フレーム以降のアニメーションを作成します。

図 14-42　画角を決めて60フレーム、視線を変えて150フレームにキーを挿入

● カメラのバインディング

2つのカメラと、2つのカメラアニメーションが作成できました。シーケンサ最上部のカメラカットは最終的な作品としての映像となる場所です。各フレームで使用するカメラを決定して2つのカメラアニメーションを切り替えましょう。使用するカメラを決めることを**バインディング**と呼びます。

現在フレームを0フレーム目にします。次にカメラカットの +カメラ を選択します。0フレーム目以降に使用したカメラをバインディングしましょう。ここではCineCameraActor（1つ目のカメラ）を選択します。

図 14-43　0フレーム目でCineCameraActorにバインド

次に60フレーム目に移動し、再び +カメラ から、今度はCineCameraActor2をバインディングします。これで0~60フレームはCineCameraActorを、60フレーム以降はCineCameraActor2をカメラカットに使用することができます。

作成したカメラの切り替えをビューポート上で確認するには、カメラカットをロックする必要があります。 +カメラ の右隣にある 📷 をクリックして有効にすると、ビューポート上でカメラカットに映し出される映像を確認することができます。

🔧 **パイロットモードの活用**

カメラカットへのロックや、カメラのパイロットモードを活用してビューポートで映像を確認しましょう。

準備ができたら Space で再生して確認してみましょう。60フレーム目でカメラアニメーションが切り替わるはずです。

● アニメーションの修正方法

既に作成したアニメーションを修正してみましょう。カメラカットをビューポートへロックしていると作業ができないため、一度解除します。

次にシーケンサのCineCameraActorトラックを選択します。カメラを選択した状態でビューポート上で F を押し、カメラに素早く接近します。もしくはアウトライナーでダブルクリックすることでも同じ操作が可能です。

図 14-44　カメラにフォーカスする

📝 **フォーカス機能の活用**

フォーカス機能を活用して素早く目的物に近づきましょう。

例として現在フレーム30に移動しましょう。

ビューポート上ではカメラが連動して動きます。ギズモを使用して位置を修正しましょう。

図 14-45　ビューポートで移動

シーケンサでCineCameraActorトラックを選択していることを確認しキーを挿入 Enter します。

カメラを選択している状態ではビューポートにカメラアニメーションの軌道が表示されます。軌道上の🔘をクリックすると、連動してキーが選択され編集することができます。

図 14-46　ビューポート上の起動からのキー選択

14-2-3 カーブエディタ

ここまでにタイムラインに表示されているキーを編集してきましたが、キーとキーの間を値がどのように変化しているかはわかりませんでした。カメラのアニメーションであれば、どのくらい加速し減速するのかはキーを眺めていてもわかりません。加減速のような、いわゆるイーズを編集・管理するにはグラフで値の変化を確認できるカーブエディタを使用します。カーブエディタをはじめのうちから使いこなすのは少し難しいですが、主要な機能や便利なツールに

ついて押さえておきましょう。

● カーブエディタの起動

シーケンサ上部のメニューから「カーブエディタ
にアニメーションキーを表示」のボタンをクリック
します。

図 14-47　カーブエディタへの切り替え

シーケンサカーブというタブでエディタが起動します。カーブエディタ左の
CineCameraActor の Transform を選択しましょう。

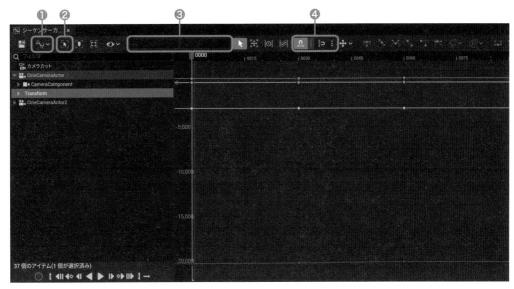

図 14-48　カーブエディタ　Transform の位置を選択

多くの場合、Transform の各値が大きく異なるた
めに値の変化がわかりづらいことでしょう。そこで、
エディタ上部の波形マーク①から、絶対的表示モー
ドを正規化された表示モードに切り替えます。

図 14-49　正規化表示へ切替

エディタ上部にはさまざまなメニューがあります。カーブ全体を編集画面の枠に収めるよう
にズームするボタン②はよく使用します。

画面上部の③では選択中のキーの値を直接書き換えることもできます。左側がフレーム数、
右側が選択集のパラメータの、そのフレームにおける値です。

また、左右方向（フレーム数）と上限方向（値）へのスナップもオンオフすることができます。
キーの位置を他のキーの位置に揃えたい時などに④を有効化しましょう。

　正規化表示されたカーブは**図14-50**ようになります。なお、ここでは赤色の位置Xと緑色の位置Yのカーブが重なって赤線が見えなくなっていますが、選択中のTransformの「位置」に含まれるXYZの値の変化が赤緑青の3色のカーブで表現されます。

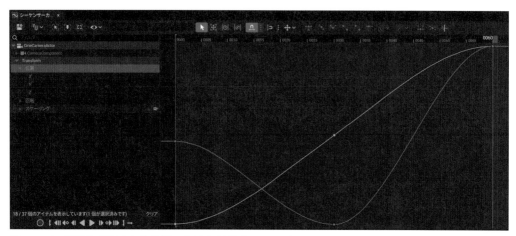

図 14-50　正規化表示された位置　（XとYは重なっている）

● キーの編集と新規追加

　カーブエディタ上でもキーの追加や編集が可能です。Transformの位置、Zを選択すると青いカーブのみが表示されます。

　キーの場所にはハンドルと呼ばれる、3か所掴む場所があるツールが表示されます。中央の点を左ドラッグするとハンドルを移動することができます。これはつまり、キーの存在するフレーム数と値を同時に編集できるということです。

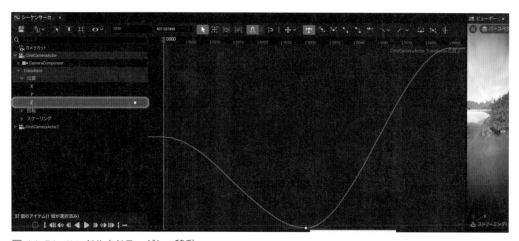

図 14-51　ハンドルをドラッグして移動

現在フレームをキーの存在
しない場所に移動して Enter
を押すと、新たにキーを挿入
することができます。

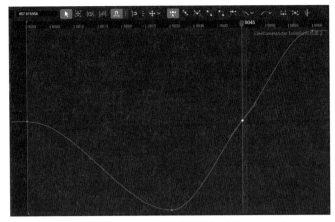

図 14-52 現在フレームを移動して Enter で新規キー追加

● ハンドルの操作と補間タイプ

カーブエディタはキーの存在するフレーム間の値
の変化を可視化したものです。カーブの形状を制御
することはアニメーションの滑らかさや緩急などを
決定するため非常に重要であり、カーブの形状には
ハンドルをコントロールする必要があります。

まず、ハンドルの両脇の点をドラッグするとハン
ドルを回転させることができます。カーブは3つの
点で構成されるハンドルの直線に対して接するよう
に形状が変わります。言い換えるとハンドルがカー
ブの接線となっています。

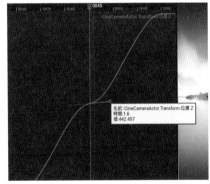

図 14-53 ハンドルの片側をドラックして
回す

ハンドルにはいくつかのタイプが存在します。こ
のタイプを補間タイプと呼んだりします。ハンドル
のタイプによってキーとキーの間のカーブの形状が
変化するため、「間を補うもの」「間を決定づけるもの」
という意味合いです。カーブエディタ上部にはさま
ざまな形をしたハンドルのアイコンが並んでいます。

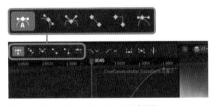

図 14-54 ハンドルタイプ変更

V字のハンドルを選択すると、ハンドルの3点は
直線にならず、カーブの形状は必ずしも滑らかな曲
線ではなくなります。

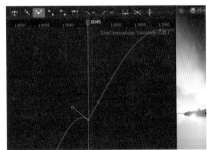

図 14-55 3次補間タイプ

CHAPTER

14

静止画と動画を撮影しよう

329

特に使っておきたいのが重み付け3次補間タイプです。このタイプでは左右のハンドルの長さを自由に変えることができます。ハンドルが長くなるほどカーブの形状はハンドルに近づこうとする（ハンドルから離れにくくなる）ため、より細かなカーブ形状の制御が可能になります。

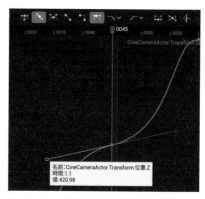

> 🔰 **3次補間タイプの積極利用**
>
> 重み付け3次補間タイプは柔軟性の高い便利なタイプです。積極的に使用しましょう。

図 14-56 重み付け3次補間

● **カーブ編集ツール**

カーブエディタはフレーム数と値を同時に変更できる点で自由度が高く便利な一方で、多くのキーに対して同時に変更を行うことがより難しくなります。カーブエディタには、便利な3つの変種ツールが備わっていますので、一つ一つ見ていきましょう。一度カーブの表示を絶対表示モードへ戻します。

図 14-57 絶対的表示モードへ切替え

今回も Transform の位置、Z を例に解説します。

エディタ上部には4つの編集モードの切り替えボタンが備わっています。左から選択ツール、トランスフォームツール、ReTime ツール、複数同時編集ツールです。

選択ツールはシンプルでは選択が可能です。左ドラッグしてキーを複数選択しましょう。選択されたキーはハンドルが表示されます。

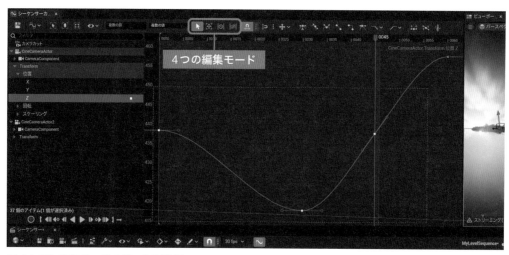

図 14-58 左ドラッグでボックス選択

選択した状態でトランスフォームツールに切り替えます。

トランスフォームツールに移行すると、選択したキーを取り囲むように白点線が表示されます。この点線や角の□をドラッグすることにより枠内のキーを一括で編集することができます。

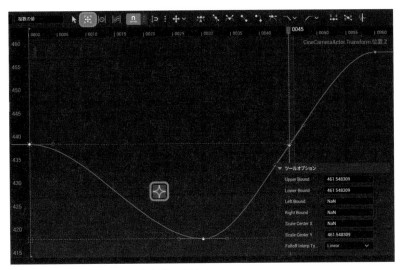

図 14-59 選択したキーが白点線で囲われる

ただし、キーの位置を編集する際ピボットポイントに注意しておく必要があります。ピボットポイントは❖です。このピボットポイントは左ドラッグで自由に移動させることができます。

左ドラッグでピボットポイントを白点線枠の中心に移動しましょう。その後、枠の角をドラッグして動かします。ピボットポイントが不動の基準として枠のサイズが変更され、合わせてキーの位置が変わります。

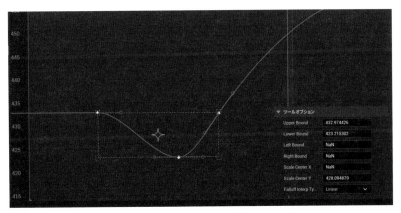

図 14-60 角をドラッグ　ピボットポイントを基準に拡大縮小

✎ トランスフォームツールのピボットポイント

白枠だけでなくピボットポイントの位置に注意しましょう。

白点線の辺をドラッグすれば一方向に拡大縮小することも可能です。

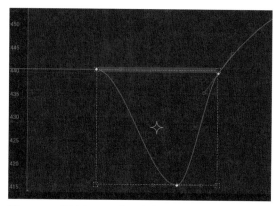

図 14-61 辺をドラッグ 一方向に拡大縮小

続けて、ReTimeツールに切り替えましょう。ReTimeツールでは緑色の線で領域を決め、その2本の線が挟むエリアのみキーの位置（フレーム）を編集します。

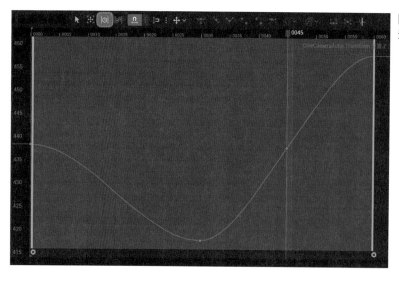

図 14-62 緑の内側が影響する範囲

ドラッグで移動してみましょう。エリアを狭めることでキー同士の間隔を狭めることができます。

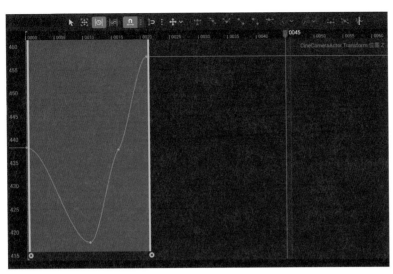

図 14-63　キーの間隔を狭める

ReTimeツールの緑線は下部の🗙で削除することができます。新規に追加する場合はエディタ上でダブルクリックしましょう。

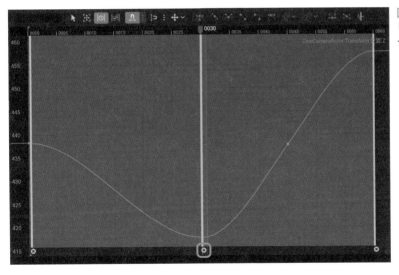

図 14-64　ダブルクリックで新しい領域をつくる

図14-64のように、1つのエリアを区切って2つのエリアにすれば、片方の幅を狭めてももう片方のエリアには影響しなくなります。

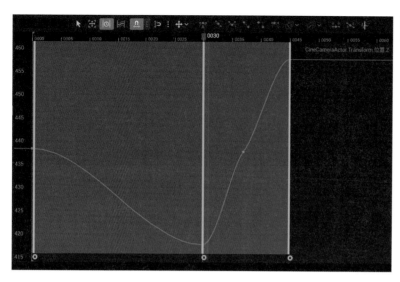

図 14-65　2本の緑線の間のみ変更できる

　最後に複数カーブの同時編集ツールに切り替えましょう。カーブの表示をスタックされた表示モードに切り替えると見やすくなります。

　このモードでは**複数のパラメータを同時に編集する**ことができます。CineCameraActorのTransformの位置をクリックしてX、Y、Zの3つを同時にエディタへ表示し編集しましょう。

　スタック表示では3つのカーブ（X、Y、Z）が縦に積まれ同時に確認することができます。ここまでにXとYが重なって片方が見えづらかったり、X、YとZで値の大きさが異なり過ぎて、正規化表示しないと変化が見にくかったりする場合でも、このスタック表示なら各カーブを選択しやすくなります。

　スタックされたカーブのうちYの緑線をクリックして選択しましょう。選択した状態で左側

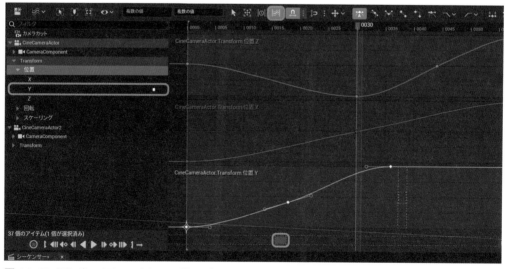

図 14-66　下に出てくるバーをドラッグして左へ

の項目を見るとYの右側のみ ■ が表示されているのがわかります。このマークは編集中であることの目印であることを覚えておきましょう。

　同時編集ツールでは選択しているカーブの下部と右側に ▬ が表示されます。これをドラッグして移動することにより、選択中のカーブのみ編集することが可能です。このように同時編集ツールはX、Y、Zそれぞれの編集を同じ画面内でできる便利なツールです。

● カメラアニメーションの一例
　カメラのアニメーションの一例として、フォリッジで配置し木々の間をカメラで通り抜けてみましょう。

図 14-67　カメラアニメーション開始位置と終了位置

　カメラの移動は序盤に緩やかに加速し、終盤で減速させます。このときカーブエディタで加減速の具合を確認しながら調整しましょう。図14-68では緑のYよりも赤のXの方が『イーズが効いている状態』と言います。Yは比較的直線的に位置が変わりますが、Xは徐々に加速度が変わります。つまり加速しているわけです。この加減速のコントロールは、ハンドルの補間タイプを重み付け3次補間にして行います。

図 14-68　赤線にイーズを効かせる

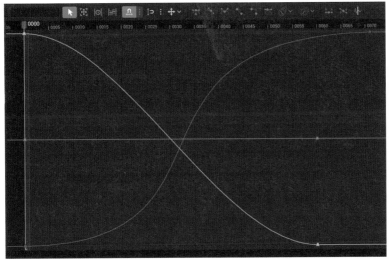

CHAPTER
14
静止画と動画を撮影しよう

次の例ではXのハンドルを大きく伸ばし、減速を長いフレームの間に渡り掛けています。

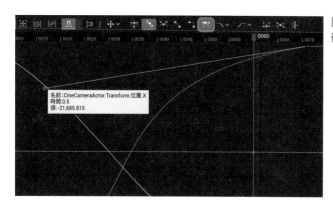

図 14-69 ハンドルを伸ばし減速を制御する

✒️ カメラの加減速調整

ハンドルの補間タイプを重み付け3次補間に変更してカメラの加減速を調整しましょう。

14-2-4 カメラシェイク

映像作品のほとんどは、実際にカメラを手にして撮影したような手振れ効果が加えられます。ここではカメラシェイクと呼ばれる基本的な手振れ効果を用意し、シーケンサに新たなカメラカットとして追加したいと思います。

● カメラの準備

新しいカメラカットは、海の上に浮かぶ小船に乗った人が撮影したような、波に揺られた動きを付けたいと思います。このカメラカットを作成するため海面付近に新しいカメラを用意しましょう。**クイック追加メニュー→シネマティック→Cineカメラアクタ**です。

カメラの名前はCineCameraActor3と変更しておきます。その後CineCameraActor3にパイロットしましょう。

パイロットモードに移行したらビューポートで確認しながら海面近くに移動します。この島に漂流してきた人が見る景色をイメージして配置してみましょう。

図 14-70 カメラ位置の決定

● ブループリント CameraShakeBase

カメラシェイクにはブループリントを使用します。ブループリントと聞くとプログラミングチックなものを想像するかもしれませんが、今回はそのような要素はありません。ブループリントクラスと呼ばれる、カメラの手振れをコントロールする機能をもったアイテムだと理解してください。

まず、コンテンツドロワーを開きます。（ Ctrl + Space ）シーケンサを開いていると、コンテンツドロワーとタブで並んでしまっているかも知れません。タブをクリックしてコンテンツドロワーを再表示してください。

✅ コンテンツドロワーの場所

シーケンサとコンテンツドロワーはタブで切り替えましょう。

コンテンツドロワーのコンテンツフォルダで**右クリック→ブループリント→ブループリントクラス**を選択します。**親クラスを選択**の画面が出たらすべてのクラスを開き、検索欄に **camera base** と入力します。検索結果から **CameraShakeBase** を探し出しクリックして選択ボタンを押します。

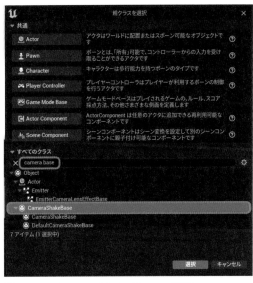

図 14-72 CameraShakeBase の選択

図 14-71 ブループリントクラスの新規追加

コンテンツドロワーにブループリントが追加されるので、名前を
CameraShakeBaseと変更しましょう。

CameraShakeBase

図 14-73　名前を編集

CameraShakeBaseをダブルクリックしてブループリントエディタを開きます。

エディタ右側には詳細パネルがあります。Single Instanceは、ある形の揺れ（インスタンス）
を使用し続けるモードです。Root Shake Patternは揺れのさまざまなタイプを選ぶことがで
きます。

すべての揺れのタイプのイメージは公式ドキュメントが非常に視覚的で参考になります。ぜ
ひ一度ご確認ください。

https://docs.unrealengine.com/5.1/ja/camera-shakes-in-unreal-engine/

図 14-74　ブループリントエディタ

例としてPerlin Noise Camera Shake Patternを見てみましょう。パーリンノイズとは図
14-75のようなランダムな値の変化です。

図 14-75　パーリンノイズ（公式ドキュメント）

　イメージとして、Single Instanceとは、このノイズの動きを1つのパターン（インスタンス）として使い続けることを意味しています。常に波形が変わり続けるのではなく、この形を繰り返し使い続けることになります。ただし、カメラシェイクをループさせるという意味ではないので注意してください。

　詳細パネルでSingle Instanceはオフ、Root Shake PatternにPerlin Noise Camera Shake Patternを設定して、エディタ左上の**コンパイルと保存**をクリックします。コンパイルは書き換えたブループリントを使用できる状態にする更新のようなものです。

図14-76　コンパイルと保存

　細かな設定は後で行うこととして、シーケンサにカメラシェイクを追加しましょう。

● カメラシェイクの適用

　シーケンサを開いて作業します。3つ目のカメラカットをつくるために、現在フレームを120フレームに移動しましょう。

　カメラカットトラックの**＋カメラ→新しいバインディング**を選択し、CineCameraActor3をバインディングします。

図14-77　CineCameraActor3のバインディング

　バインディングした時点で120フレーム以降はCineCameraActor3のカットが使用されているはずです。

　次にカメラカットの📷をクリックしてビューポートにロックします。CineCameraActor3のカメラトラックの**＋トラック→カメラシェイク→CameraShakeBase**と進んで選択します。同時にタイムラインにもカメラシェイクが加わるフレームの範囲に青い帯が表示されます。

図14-78　CameraShakeBaseの選択

図14-79　タイムライン上のカメラシェイク

カメラシェイクの端をドラッグして、アニメーションの終了地点である赤線まで範囲を広げます。カメラシェイクを確認しやすくするために**終了地点はデフォルトより大きなフレーム数**にしておきましょう。本書では270フレームに変更しました。

これで120フレーム目から270フレーム目までカメラの手振れ効果が加わることになります。ただし、初期設定のままではビューポート上でほとんど揺れを感じることができません。

CameraShakeBaseのブループリントエディタを開き、詳細パネルでカメラシェイクパターンのパラメータを変更しましょう。図14-80の通り設定してみてください。

海の波に揺られるよう上下方向である**Z**の**Amplitude**を**10程度**の大きな値に設定します。

Local Amplitudeは揺れの大きさ（振幅）です。Local Frequencyは揺れの振動数です。0.5程度でゆったりと揺れてくれます。大きな値にすれば1秒間に揺れる回数が増えることになります。さらに、Timingの欄で**Duration**を**0**にすることによりアニメーションをループさせることができます。ループ状態のカメラシェイクは、タイムライン上で黄色で表示されます。

💡 カメラシェイクのループ

カメラシェイクのループアニメーションはDuration0で設定しましょう。

図14-80 カメラシェイクの詳細パネル

設定を変更したらコンパイルと保存をしておきましょう。

タイムラインを改めて確認すると、ループ化して黄色く表示されたカメラシェイクが120から270フレームまで続いていることがわかります。

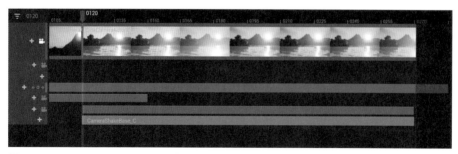

図14-81 カメラシェイクのループ表示

それではカメラカットにビューをロックして再生 Space してみましょう。

14-2-5 動画のレンダリング

最後にここまでに作成したカメラカットを動画として出力します。シーケンサ上部のボタンからムービーレンダリング設定■を開きます。

図 14-82 ムービーレンダリングのボタンの位置

解像度を決めてレンダリングを行いましょう。

図 14-83 ムービーレンダリング設定

基本的な用語

　これからUE5に触れていく上で基本的な用語を押さえておきましょう。

　初めからきっちり意味を思える必要はありません。おおよそのイメージを掴んで、制作を進めていく中で混乱がないように準備していきます。

● レベル (Level)

　レベルとはゲームでいうところの面のようなものです。プレイヤーは1つのレベルに滞在し、複数のレベル間を移動 (遷移) することもできます。大規模なワールドでは細かなレベル分けにより処理負荷を低減し、別々に呼び出す (ストリーミング) など工夫がされています。

● アイテム

　レベルに存在する一つ一つのモノをアイテムと呼んでいます。時にはオブジェクトと呼ばれていることもあります。モノといっても広義で、「光の散乱をつくり出すアイテム」など、必ずしも物体を伴うわけではありません。

● クラスとインスタンス

　クラスとはオブジェクト指向のプログラミング言語で使われる用語です。もの (オブジェクト) づくりの際の設計書がクラス、それをもとにつくられた実体がインスタンスと呼ばれます。

　UE5ではブループリントクラス、アクタクラス、ポーンクラスなど「クラス」という言葉が所々で使用されます。たとえば、人間と小石が全く異なるオブジェクトであるように、異なる思想で書かれた設計書の種類であるとイメージしましょう。

● アクタ (Actor)

　Actor、つまり役者です。レベル上にいる (ある) 登場人物をこう呼びます。デフォルトレベル上に配置された物体はスタティックメッシュアクタ (Static Mesh Actor) です。スタティックメッシュの他にも、カメラ、サウンド、プレイヤーがコントロールするキャラクターなどもアクタの一つです。

　一般には、たとえばカメラアクタとは言わず、カメラと簡単に呼ばれます。中身を持たない (役の決まっていない) 空のアクタを単にアクタと呼ぶこともあります。

- ポーン (Pawn)

　本講座では登場しませんが主要なクラスであるため簡単に触れておきましょう。

　ポーンとはプレイヤーがコントロールすることのできるアクタの基本クラスです。特に歩行能力を持つポーンを特別に「キャラクター」と呼びます。私たちプレイヤーは1つのコントローラーで1つのポーンを制御します。複数のポーンが存在する場合は、プレイヤーはコントローラーでどのポーンを制御するかを選ぶことができます。

- スタティックメッシュ

　静的なメッシュのことで、それ自体の形が変わらないものです。メッシュとはポリゴンの集まりで、ポリゴンとは頂点、辺、面によって構成される多角形の面のことを言います。このようなデジタル3D空間上に、頂点などの情報を用いて描写される造形のことをジオメトリと呼ぶこともあります。

　スタティックメッシュは「静的な」という意味を含みますが、そのアクタ自体がレベル上で動かないわけではありません。詳しくはトランスフォームの可動性(3-8)で解説します。

- ブループリントクラス

　Unreal Engineの開発はオブジェクト指向のC++プログラミングによって推し進めることができますが、このようなプログラミング言語を用いずに、より直感的・視覚的にロジック (ゲームのルール) が組めるブループリントビジュアルスクリプティングシステムという機能が備わっています。これは一般にはシンプルにブループリントと呼ばれています。

　ブループリントはノードベースのインターフェースで、役割の決まったブロック (ノード) をつなげてゲームプレイ要素を構築するものです。

　基本となる用語の解説は以上です。まだまだありますが、必要なものは本書でその都度説明を加えます。

おわりに

　本書では、ランドスケープ機能を中心とした地形作り、地形の色の塗分け方法、マテリアルの自作方法、草木の生やし方、アセットの活用方法、オブジェクトの配置方法、ライティング、ポストプロセッシング、カメラワーク、アニメーションなど、広範な分野に渡って実践的に解説してきました。

　本書の体系的な学習を通じて、読者の皆様が自分の興味のある分野の知識を肉付けし、ソフトウェアの開発に伴うアップデート情報を追いかけることが重要です。また、吸収の良い効率的な学習を続けていくためには、自分の楽しいこと、興味のあること、優先的に取り組むのがよいでしょう。勉強することは星の数ほどあります。あなたが実現したいことから必要なものを逆算して、優先度をつけて深く学んでいくことをおすすめします。

　Epic Gamesの公式イベントやGameJamのような開発イベントに参加することでも、あなたが楽しんで取り組めることのきっかけやヒントが得られるでしょう。また、着実な成長には日々の作業をコツコツ積み重ねる継続力が重要です。人は急に頑張り、それを維持することはなかなかできません。毎日少しでもいいので作業して習慣化し、無理のない目標設定を心がけましょう。

　私がこの本を書けているのは、多くの先人がつくることを楽しみ、日々探求してきたものを後世に伝え続けてくれたおかげです。もしあなたが、Unreal Engine5のような素晴らしいツールを使用して、最高の開発経験ができたなら、他の誰かにその楽しさを伝えていってくれることを切に願います。

　つくることは時に苦しさも伴いますが、それは自分と向き合う大切な時間でもあります。この本を手にしてくださったあなたの創造の心に火が灯り、主体的につくることを楽しみながら日々を過ごしてくだされば幸いです。

　日本のより多くの方々が、創ることを通して自分の人生を生き生きワクワクとしたものにできるよう、私は今後も精力的に活動して参ります。3DCGやゲームエンジンなどテクノロジーの授業をしながら学校・地域を巡り、大人だけでなく子供たちにも、学校ではなかなか出会うことのできないこの世界を紹介していきます。彼らの中のひとりでも、人生が変わるような未知との出会いとなってくれることを信じて。

　最後に、本書に関わってくださった方々、そして、これまで沢山の知識を共有してくださっている開発者の方々、執筆のご機会をくださった出版社の方々に深く感謝申し上げます。

◉ 著者紹介

梅原 政司（うめはら まさし）

一般社団法人学びラボ代表理事。講師として2万
人を超える生徒にオンラインで3DCGを教える
人気講師。子どもたちにクリエイティブな学びを
届けるため、教育コミュニティの運営や学校への
出張授業を行っている。

学びラボ：https://manabilab.or.jp/

装丁　　　　　● 宮下裕一
本文デザイン　● はんぺんデザイン
本文レイアウト　● はんぺんデザイン

本書案内ページ
はこちら

本書の内容に関するご質問は、下記の宛先までFAXまたは書面にてお送りください。お電話によるご質問、および本書に記載されている内容以外のご質問には、一切お答えできません。あらかじめご了承ください。

宛　先：
〒162-0846
東京都新宿区市谷左内町21-13
技術評論社　書籍編集部
『Unreal Engine5ではじめる！
3DCGゲームワールド制作入門』質問係
FAX：03-3267-2271

なお、ご質問の際に記載いただいた個人情報は質問の返答以外の目的には使用いたしません。また、質問の返答後は速やかに破棄させていただきます。
URL● https://book.gihyo.jp/116/

Unreal Engine5ではじめる！ 3DCGゲームワールド制作入門

2023年 11月 17日　初版　第1刷発行
2024年 1月 3日　初版　第2刷発行

著　　　者　　梅原　政司
発 行 者　　片岡　巌
発 行 所　　株式会社技術評論社
　　　　　　東京都新宿区市谷左内町21-13
電　　　話　　03-3513-6150（販売促進部）
　　　　　　03-3513-2270（書籍編集部）
印刷／製本　　港北メディアサービス株式会社

定価はカバーに表示してあります。

ISBN978-4-297-13779-3　C3055
Printed in Japan